扬 · 布里斯的陀飞轮挤花甜点

创新人气甜品的秘密

扬 · 布里斯的陀飞轮挤花甜点

创新人气甜品的秘密

[法]扬 · 布里斯（Yann Brys）著

[法]洛朗 · 鲁弗雷（Laurent Rouvrais）摄影　叶慧淘 译

華中科技大學出版社
http://www.hustp.com

中国 · 武汉

TOURBILLON
BY YANN BRYS

前言

我在享受味蕾满足感的家庭氛围中长大，这尤其得益于我的母亲，因为她很早就带着我品尝甜点。我对甜点的启蒙始于童年，每个人都有关于甜点的童年回忆，而镌刻在我记忆中的，是母亲做的柠檬挞。

年轻时，在品尝之余，我也逐渐参与甜点的制作。在法国最佳手工业者大赛中，我对柠檬挞做了全新的、与众不同的演绎。正是在这次比赛中，我多年前独创的“陀飞轮”造型工艺受到大赛评委的青睐。

向来支持我、陪伴我的母亲，在本书撰写之时突然离世。不过，母亲给我留下的童年回忆甜蜜长存，并指引着我完成本书中的部分甜点作品。为此，我特将此书献给您——妈妈。

美食创作犹如昙花一现，它首先是一门升华风味的艺术，同时也应透过诱人的视觉造型来吸引人们的青睐。我的陀飞轮手法，亦如许多发明或创造，诞生自偶然。我从未想过，陀飞轮手法会成为一项招牌工艺，并为世界各国的甜点师所用。陀飞轮手法本身就非常具有“甜点属性”，因为它源于裱花——对手工技艺水平要求很高的专业甜点工艺，也是学习专业甜点的入门技法以及一项永恒的手艺。因此，我创立了“陀飞轮甜点”品牌，并在法国埃松省的索尔莱沙尔特勒市开设了门店。

在本书中，我将介绍一些可与陀飞轮手法结合的甜点创作灵感。其中的配方都仅选用最优的食材，这也是高品质甜点的制胜关键：风味平衡、口味微甜，这就是我日常制作甜点时秉持的原则之一。甜点让人垂涎，这是品尝甜点时自然而然萌生的情绪。

甜点师这份工作让我无比充实，每日我都满怀着愉悦来完成每一份优雅的甜点。我本身就是贪恋甜食的人，一想到我会品尝到自己亲手做的甜点，我便会先行垂涎。我对于甜味的敏锐感知力，都倾注在这些创造美味的配方中，就让它们带领读者沉浸于甜点世界吧！

扬·布里斯（Yann Brys）
法国最佳手工业者

2004年，当时我正想在
黄油酥饼上划出漩涡纹路，
在旋转中，我的“陀飞轮”工艺由此诞生。

推荐序

我非常荣幸能够在此为我的挚友扬·布里斯撰写本书的推荐序。

我与扬·布里斯相识多年，拥有相似经历：参加过无数的比赛，已为人父，也拥有了自己的事业。真诚、忠实、勇敢、充满创造力，尤其是心中有大爱、真心为他人着想，而在这一类不可多得的人中，扬·布里斯是佼佼者。

我见证了他一路成长为甜点行业中不可或缺的大人物之一，他也具备了成就如此殊荣的所有条件：甜点视觉效果上，造型优雅；甜点组装上，结构完美；甜点风味上，平衡而突出。他的工艺已然完备，并成功地发展出他独创的风格。试问世界上有谁还未曾沿用过他的陀飞轮手法？扬的创造性工艺吸引了大批追随者，陀飞轮工艺出现在蛋糕、甜挞、慕斯、冰激凌等甜品上，而且已然成为扬的独家品牌。

请耐心阅读本书，细细品味，捕捉字里行间流露出的这位甜点高手的才华。

克里斯多夫·米夏拉克（Christophe Michalak）

我带着万分荣幸和激动之心，借着此书的序言，用寥寥几行字来介绍“陀飞轮”甜点工艺的创造者。

他的“陀飞轮”工艺已成为法式甜点中经久不衰、世代传承的经典手法之一……

而扬·布里斯创作的甜点，完全可称得上是精雕细琢、独具匠心的“珠宝”。这一切都源于他对甜点口感的精准拿捏，以及风味、质感和装饰的相得益彰！在这位甜点“珠宝匠人”的背后，隐藏着他的慷慨，以及他如宝石般的精神。

扬在2011年荣获“法国最佳手工业者”头衔，他以传授他的甜点工艺为己任，这本书便是最好的见证。

祝阅读愉快！

尼古拉·布桑（Nicolas Boussin）
法国最佳手工业者

目录

甜挞类

柠檬挞 12
红浆果挞 17
杧果香柠檬挞 18
椰子巧克力挞 21
薄荷尼泊尔花椒西柚挞 22
焦糖榛子挞 26
牛轧黄杏挞 29
核桃粗糖洋梨挞 33
樱桃糖衣果仁挞 34
杧果泡泡挞 39
碧根果牛奶巧克力挞 42
野草莓挞 47
香蕉牛奶巧克力挞 48
八角菠萝挞 53
提拉米苏挞 54
无花果巧克力焦糖奶酱挞 59
百香果箭叶橙挞 62

慕斯类

甜心巧克力慕斯 66
香橙香草焦糖慕斯太阳花 70
超浓巧克力慕斯 75
栗子黑醋栗慕斯 78
热情乳酪慕斯 83
覆盆子夏洛特 84
杧果日本柚子慕斯 89
花瓣樱桃蔓越莓慕斯 92

经典法式甜点

杏仁糖渍橙子夹心国王饼 96
朗姆巴巴 98
蒙布朗 103
歌剧院变奏 104
圣多诺黑 108
巴黎布雷斯特 111

冰激凌甜点类

炙烧阿拉斯加 114
榛子雪糕 119
牛轧糖冰激凌 122

松软蛋糕类

焦糖碧根果 125
开心果草莓 126

小型蛋糕类

生姜巧克力（无麸质） 128
禅风绿茶番石榴 133
上瘾沙布雷 136
菠萝百香果水滴 140
坚果脆底巧克力（无麸质） 144
浓郁香草 149
松子脆底黄杏柠檬（无麸质） 152
香茅黑醋栗球（无麸质） 156
百香果奶酱泡芙 160
焦糖爆米花杯 163
苹果开心果慕斯 166
荔枝茉莉花果茶慕斯 171

基底和装饰

柠檬甜脆挞皮面团 176
沙布雷黄油酥饼底 177
松脆油酥沙布雷饼底 178
托卡多雷蛋糕 179
反转千层酥皮 181
蛋奶酱 182
打发甘纳许 183
挤花陀飞轮 184
模具陀飞轮 184
划纹陀飞轮 185
巧克力陀飞轮 185
圆环 186
圆片和方片 186
圆形瓦片 187
细丝 187

致谢 188
食材索引 190

柠檬挞

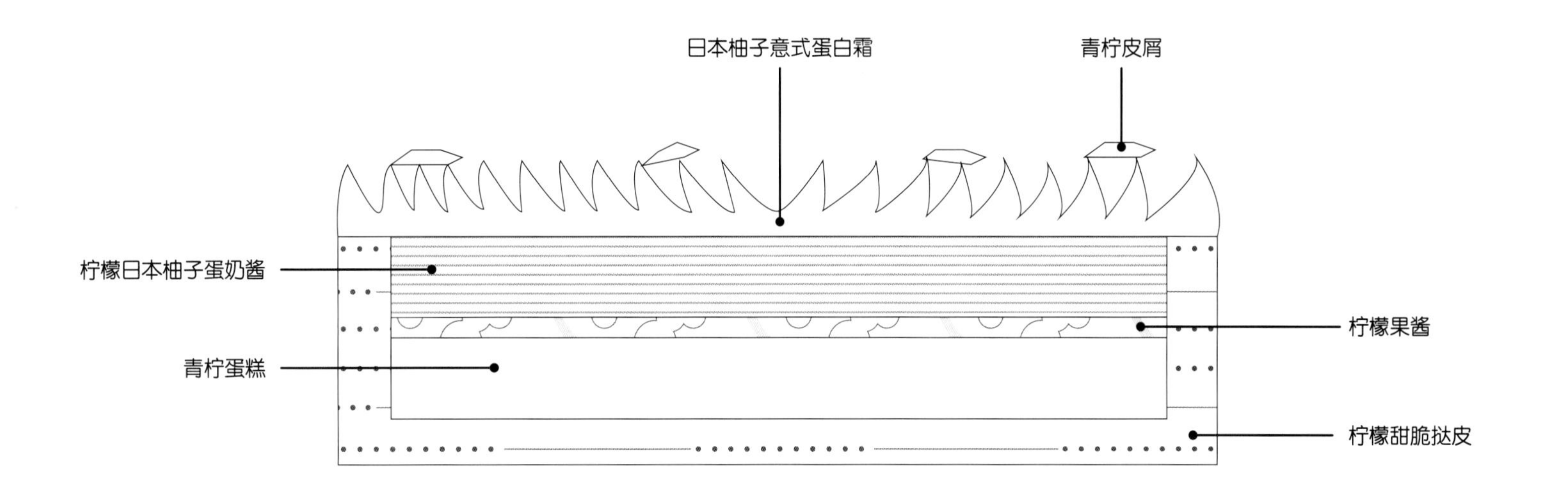

原料

制作8个小挞　准备时间：1小时30分钟　烘烤时间：15分钟　冷藏时间：2小时30分钟

柠檬甜脆挞皮

黄油90克
中筋面粉（T55）① 140克
细砂糖27克
精盐0.5克
杏仁糖粉② 50克
全蛋液25克

青柠蛋糕

生杏仁膏③ 110克
全蛋液57克
有机青柠1个，仅取皮屑
土豆淀粉9克
杏仁粉17克
蛋清16克
细砂糖5克
融化黄油38克

柠檬果酱

新鲜有机黄柠檬125克
精盐1克
黄柠檬汁10克
青柠檬汁10克
细砂糖50克
有机青柠半个，仅取皮屑

柠檬日本柚子蛋奶酱

有机青柠2个，仅取皮屑
全脂牛奶36克
全蛋液200克
细砂糖140克
柚子汁39克
柠檬汁45克
软化黄油215克

日本柚子意式蛋白霜

蛋清60克
细砂糖120克
水25克
柚子汁7克

装饰

青柠皮屑

工具

直径11厘米的圆形切模1个
直径8厘米的挞圈8个
裱花袋
0.8厘米圆形裱花嘴1个
104号裱花嘴1个
喷枪1个
电动裱花台1个

---

①译注：法国烘焙用面粉以灰分度（Taux de cendre，简称T）来分类，即每100g面粉以900摄氏度烤1小时30分钟所剩的灰烬量。灰分度越高，面粉所含矿物质越多，面粉本身的风味越突出，这种分类法能同时衡量面粉的筋度和风味。我国一般以面筋含量分类面粉：低筋（含6.5%–8.5%面筋）面粉；高筋（含11.5%以上面筋）面粉。法国面粉分类如下：T45，灰分度<0.5%，可认作低筋面粉；T55，0.5%<灰分度<0.6%，可认作中筋面粉；T65，0.62%<灰分度<0.75%，可认作高筋面粉；T80，0.75%<灰分度<0.9%，高筋面粉、半全麦粉；T110，1%<灰分度<1.2%，高筋面粉、全麦粉；T150，灰分度>1.4%，高筋面粉、完整麦粉。

②译注：即等量杏仁粉和糖粉过筛后的混合粉，为众多法国甜点的基础原料，如马卡龙、费南雪、玛德琳蛋糕等，法语称为“le tant pour tant”，意为两种粉应为等量。

③译注：杏仁膏为杏仁粉、水、糖糅合而成的膏体，按照不同比例对应不同用途，如糕体、馅料、装饰造型。生杏仁膏即杏仁膏未经加热的半成品。

步骤

柠檬甜脆挞皮

参照第176页的方法制作柠檬甜脆挞皮面团。将面团擀至2毫米的厚度，用直径11厘米的圆形模具，切出8片挞皮，铺在挞圈底部，冷藏。

青柠蛋糕

烤箱预热165摄氏度。将生杏仁膏和全蛋液混合，加入青柠皮屑、土豆淀粉和杏仁粉。用厨师机打发蛋清，加入细砂糖，打发至硬性发泡，蛋白呈反光状态。用刮刀将蛋白与上述混合物轻柔地拌匀。加入融化后冷却的黄油拌匀。将混合物挤在小挞皮的底部铺平，烤15分钟（A）。注意挞皮底面的变色情况，随时控制烘烤温度。在室温下冷却。

柠檬果酱

将新鲜有机黄柠檬直接切成小块，无须去皮。放入锅中，加入冷水，加热至沸腾后关火，将黄柠檬块捞出沥干，用凉水冲洗表面。再次把黄柠檬块放入锅中，加入冷水、盐和2个柠檬的柠檬汁，小火加热至轻微冒泡并持续煮10分钟，取出黄柠檬块沥干，用凉水冲洗，并停止加热。将黄柠檬块放于料理缸中，加细砂糖，打碎至细腻浓稠的质地。倒至另一盆中，擦入有机青柠皮屑，冷藏15分钟。

柠檬日本柚子蛋奶酱

将全脂牛奶放入锅中，擦入有机青柠皮屑（B），加热至沸腾后关火，盖上锅盖，浸渍5分钟。在全蛋液中加白砂糖，轻微打发。将锅中的青柠牛奶过滤至蛋液中（C）。加热柚子汁和柠檬汁，倒入青柠牛奶蛋液中，一并加热至85摄氏度，同时搅匀。倒出至盆中，降温至45摄氏度，加入小块的软化黄油，用手持料理棒打至光滑浓稠质地（D）。在裱花袋中装入口径0.8厘米圆形裱花嘴，倒入柠檬柚子蛋奶酱，冷藏约2小时。

日本柚子意式蛋白霜

用厨师机（附打蛋器配件）将蛋清轻微打发。锅中加入水和白砂糖，加热至121摄氏度。把糖浆倒入打发缸中，继续打发，加入柚子汁。

组装及装饰

在小挞底部薄薄铺上一层柠檬果酱（E）。将柠檬日本柚子蛋奶酱挤在柠檬果酱上，形成轻微的拱起状态（F）。用铲刀抹平，冷藏15分钟。将小挞取出放在裱花台上，将温热的日本柚子意式蛋白霜放入裱花袋（配104号裱花嘴），在每个小挞表面挤出陀飞轮造型（参照第184页）。用喷枪在蛋白霜表面烧出焦糖颜色，最后擦上青柠皮屑做装饰。

A

将青柠蛋糕面糊填入挞皮底部，烘烤15分钟。

B

将牛奶放入锅中，擦入青柠皮屑，加热至沸腾后关火。

C

在全蛋液中加糖，轻微打发。将锅中的青柠牛奶过滤至蛋液中。

D

加入小块的软化黄油，用手持料理棒打至光滑浓稠的质地。

E

在小挞底部薄薄铺上一层柠檬果酱。

F

将柠檬日本柚子蛋奶酱挤在柠檬果酱上，形成轻微的拱起状态。

原料

制作1个挞　准备时间：25分钟　烘烤时间：25分钟　冷藏时间：2小时　冷冻时间：3小时+3小时

红浆果果酱
细砂糖15克
NH325果胶[1] 3克
覆盆子果茸60克
黑醋栗果茸25克
桑葚果茸25克
有机黄柠檬汁6克

塔希提香草蛋奶白巧克力酱
鱼胶粉1克
纯净水7克
淡奶油90克
塔希提香草半根
蛋黄20克
法芙娜欧帕丽斯调温白巧克力50克

法国布列塔尼沙布雷饼底
软化黄油95克
细砂糖87克
盐之花2克
香草荚1/4根
蛋黄38克
中筋面粉（T55）125克
酵母粉4克

装饰
新鲜覆盆子50克
新鲜草莓30克
新鲜桑葚10克

工具
直径16厘米的挞圈1个
直径18厘米的挞圈1个
直径14厘米的双陀飞轮硅胶模具1个（Silikomart®）
直径14厘米的慕斯圈1个

①果胶，一般呈粉状，有凝固、增稠和乳化作用，可制作果酱、果泥、软糖、淋面。其分为高甲氧基果胶（黄果胶，适于高糖、酸性溶液，胶体不可逆）和低甲氧基果胶（NH果胶，适于低糖或无糖溶液，胶体可逆）。

步骤

红浆果果酱
将NH325果胶和细砂糖混合均匀。在锅中加入所有果茸和柠檬汁，缓慢加热，加入果胶、细砂糖混合粉，继续加热至沸腾。倒入直径14厘米双陀飞轮硅胶模具的其中一个模具中，冷冻3小时。

塔希提香草蛋奶白巧克力酱
将鱼胶粉泡水膨胀。锅中放入淡奶油加热，擦入从香草荚中刮下的香草籽，离火后浸渍4分钟。将从香草荚中刮下的香草籽过滤掉后，在奶油中加入蛋黄，搅匀，再次加热至83摄氏度。将蛋黄奶油倒入鱼胶水溶液中，加入白巧克力，用手持料理棒打匀后，冷却至40摄氏度。用保鲜膜将14厘米慕斯圈的底部封好，倒入上述混合物，冷冻3小时。

法国布列塔尼沙布雷饼底
在搅拌缸中放入软化黄油、细砂糖、盐之花和从香草荚中刮下的香草籽，用厨师机（附搅拌配件）搅匀。往搅拌缸中逐步加入蛋黄、过筛的中筋面粉和酵母粉。和成面团后，裹上保鲜膜，冷藏2小时。烤箱预设至150摄氏度。将面团擀至1厘米厚，用直径16厘米挞圈切出完整的面皮，放在烤盘的硅胶垫中央，然后将直径18厘米挞圈围住面皮。烘烤25分钟，冷却。

组装及装饰
将香草蛋奶白巧克力酱脱模，放在饼底中央。将红浆果果酱脱模，叠放于上一层。在饼底周围和表层摆放新鲜水果作为装饰。

红浆果挞

杧果香柠檬挞

原料

制作1个挞　准备时间：1小时　烘烤时间：20分钟　冷藏时间：12小时

度思巧克力打发甘纳许[①]（提前1天制作）

淡奶油73克（小分量）
葡萄糖浆8克
法芙娜®度思调温金黄巧克力100克
淡奶油185克（大分量）

柠檬甜脆挞皮

黄油90克
中筋面粉（T55）140克
细砂糖27克
有机黄柠檬半个，仅取皮屑
精盐0.5克
杏仁糖粉50克
全蛋液25克

①译注：甘纳许指巧克力和淡奶油的乳化打发物。巧克力中的可可脂和奶油中的乳脂在不同配比和温度下，与奶油中的水分相融，根据相融的程度不同，可制成不同软硬度的甘纳许，用作内馅、慕斯、涂层等。

椰子蛋糕

杏仁粉40克
糖粉40克
土豆淀粉4克
全蛋液50克
蛋清15克
细砂糖5克
融化黄油28克
擦丝椰肉20克
有机青柠檬半个，仅取皮屑

杧果香柠檬果酱

细砂糖45克
NH325果胶7克
杧果肉130克
香柠檬汁85克

装饰

牛奶巧克力片
杧果粒
百香果肉
香草味橙色果胶滴
食用金箔

工具

直径18厘米的挞圈1个
裱花袋
106号裱花嘴
电动裱花台

步骤

度思巧克力打发甘纳许（提前1天制作）

在锅中加入小分量的淡奶油和葡萄糖浆加热，倒在巧克力上，用手持料理棒打匀。加入大分量的冷藏淡奶油，再次打匀。冷藏12小时。

柠檬甜脆挞皮

参照第176页的方法制作柠檬甜脆挞皮面团。将面团擀至3毫米厚，铺在直径18厘米挞圈底部，冷藏放置。

椰子蛋糕

烤箱预热至165摄氏度。用厨师机将杏仁粉、糖粉、土豆淀粉和全蛋液搅匀。用厨师机打发蛋清，加入细砂糖，打发至硬性发泡，蛋清呈反光状态。用刮刀将蛋白轻柔地拌入上述混合物。加入融化黄油、擦丝椰肉和有机青柠皮屑，拌匀。倒在挞皮上，烘烤20分钟。注意挞皮底面的变色情况，随时控制烘烤温度。在室温下冷却。

杧果香柠檬果酱

将NH325果胶和细砂糖混合。在锅中加热杧果肉和香柠檬汁，升温到40摄氏度时加入果胶、细砂糖的混合物，继续加热至沸腾，倒入盆中，冷藏。

组装及装饰

将杧果香柠檬果酱铺在挞里，铺至齐平，用刮刀抹平，放在裱花台中央。将106号裱花嘴放入裱花袋，用厨师机打发甘纳许，装入裱花袋，挤在挞面上（参照第184页），呈陀飞轮造型。在陀飞轮上摆放牛奶巧克力片，表面用杧果粒、百香果肉、金箔装饰，并将橙色香草果胶挤成珍珠形状。

原料

制作12个小挞　准备时间：1小时40分钟　烘烤时间：14分钟　冷藏时间：30分钟　冷冻时间：2小时

柠檬甜脆挞皮

黄油90克
中筋面粉（T55）140克
细砂糖27克
有机黄柠檬半个，仅取皮屑
精盐0.5克
杏仁糖粉50克
全蛋液25克

椰子蛋糕

杏仁粉40克
糖粉40克
土豆淀粉4克
全蛋液50克
蛋清15克
细砂糖5克
融化黄油28克
擦丝椰肉40克

焦糖巧克力椰子甘纳许

淡奶油100克
椰肉果茸54克
香草荚1根
洋槐蜂蜜20克
细砂糖40克
法芙娜吉瓦那调温牛奶巧克力45克
调温黑巧克力（64%）78克
黄油12克

椰子蛋奶白巧克力酱

鱼胶粉2克
纯净水14克
淡奶油80克
全脂牛奶20克
香草荚1根
蛋黄25克
椰肉果茸100克
法芙娜欧帕丽斯调温白巧克力125克

装饰

新鲜椰子刨片

工具

直径11厘米的挞圈12个
六连陀飞轮硅胶模具2个（Silikomart®）

步骤

柠檬甜脆挞皮

参照第176页的方法制作柠檬甜脆挞皮面团。将面团擀至2毫米厚，用圆形切模切出12张小面皮，铺在直径11厘的米小挞圈底部，冷藏放置。

椰子蛋糕

烤箱预热至175摄氏度。用厨师机将杏仁粉、糖粉、土豆淀粉和全蛋液搅匀。用厨师机打发蛋清，加入细砂糖，打发至硬性发泡，蛋白呈反光状态。用刮刀将蛋白轻柔地拌入上述混合物。加入融化黄油和20克擦丝椰肉，拌匀。铺在挞皮底部，并撒上剩余的擦丝椰肉。烘烤14分钟。注意挞皮底面的变色情况，随时控制烘烤温度。在室温下冷却。

焦糖巧克力椰子甘纳许

在锅中小火加热淡奶油、椰肉果茸和从香草荚中刮下的香草籽，避免沸腾，加入蜂蜜。另起一锅，干炒细砂糖至变为焦糖色，离火，掺入上述热奶油。过滤到牛奶巧克力和黑巧克力上，用手持料理棒打匀，直至巧克力完全融化。加入黄油，再次打匀。冷却至30摄氏度。

椰子蛋奶白巧克力酱

将鱼胶粉泡水膨胀。在锅中加热淡奶油、牛奶、椰肉果茸和从香草荚中刮下的香草籽。过滤后，加入蛋黄，加热到85摄氏度，并不断搅拌。将锅中混合物倒在鱼胶粉溶液和白巧克力中，用手持料理机打匀，倒在六连陀飞轮硅胶模具上，冷冻2小时。

组装和装饰

将甘纳许铺在挞底的椰子蛋糕上，用刮刀抹平，冷藏。将椰子蛋奶白巧克力酱脱模，放在每个小挞表面，冷藏30分钟。用新鲜椰子刨片装饰。

椰子巧克力挞

薄荷尼泊尔花椒西柚挞

原料

制作1个挞　准备时间：2小时　烘烤时间：32分钟　冷藏时间：12小时+30分钟　冷冻时间：5小时

香草打发甘纳许（提前1天制作）

鱼胶粉1克
纯净水7克
淡奶油25克（小分量）
全脂牛奶60克
香草荚半根
法芙娜欧帕丽斯调温白巧克力130克
淡奶油135克（大分量）

薄荷椰子蛋奶白巧克力酱

鱼胶粉1克
纯净水7克
淡奶油40克
全脂牛奶20克
新鲜薄荷叶2.5克
椰肉果茸35克
蛋黄12克
法芙娜欧帕丽斯调温白巧克力（33%）40克

巧克力椰子香草慕斯

鱼胶粉1.5克
纯净水10.5克
搅打奶油[①]30克（小分量）
椰肉果茸40克
香草荚半根
可可脂6克
法芙娜欧帕丽斯调温白巧克力（33%）63克
搅打奶油80克（大分量）

柠檬甜脆挞皮

黄油90克
中筋面粉（T55）140克
细砂糖27克
有机黄柠檬半个，仅取皮屑
精盐0.5克
杏仁糖粉50克
全蛋液25克

椰子波雷露红茶[②]托卡多雷蛋糕

纯杏仁粉120克
糖粉120克
土豆淀粉9克
全蛋液120克
蛋清33克（小分量）
波雷露红茶4克[③]，磨粉
擦丝椰肉50克
蛋清37克（大分量）
细砂糖15克
融化黄油85克

西柚覆盆子尼泊尔花椒果酱

细砂糖16克
NH325果胶2克
西柚果肉66克
覆盆子40克
有机青柠汁8克
尼泊尔花椒0.5克
擦丝椰肉少许

粉色绒面喷砂酱

法芙娜欧帕丽斯调温白巧克力（33%）60克
可可脂90克
草莓红调色可可脂3克

装饰

粉色果胶淋面250克
新鲜西柚果肉
新鲜椰子刨片
新鲜薄荷嫩叶
粉色巧克力细丝（参见第187页）
无色镜面果胶
食用银箔

工具

直径19厘米的挞圈模具1套（Silikomart®，含直径19厘米挞圈1个、直径16厘米弧面模具1个）
直径12厘米的挞圈1个
直径16厘米的慕斯圈1个
直径18厘米的慕斯圈1个
40厘米×30厘米的烤盘1个
直径17厘米的挞圈1个
裱花袋
104号裱花嘴1个
裱花台1个

---

①译注：搅打奶油，又称“奶油花”，指新鲜的、未经发酵、经过巴氏消毒的奶油。它比浓稠奶油（经发酵）的酸度低、流动性高，打发后，比淡奶油（经杀菌）更轻盈。一般用于做香缇奶油或烹饪酱汁。
②译注：一般用于做香缇奶油或烹饪酱汁。
③译注：波雷露红茶（Boléro®），为法国玛黑兄弟茶庄的地中海水果风味红茶。

步骤

香草打发甘纳许（提前1天制作）

将鱼胶粉泡水膨胀。锅中放入全脂牛奶、小分量的淡奶油和从香草荚中刮下的香草籽加热，离火，盖上锅盖，浸渍5分钟。加入吸水膨胀的鱼胶后，一并过滤至巧克力上，用手持料理棒打匀。加入冷的大分量淡奶油，再次打匀，冷藏12小时。

薄荷椰子蛋奶白巧克力酱

将鱼胶粉泡水膨胀。锅中放入淡奶油、全脂牛奶和薄荷叶加热。离火，盖上锅盖，浸渍5分钟。过滤一次，用力按压薄荷叶。加入椰肉果茸和蛋黄，再次加热至83摄氏度，一并倒入吸水膨胀的鱼胶和巧克力中。用手持料理棒打匀，降温至30摄氏度。用保鲜膜将直径12厘米挞圈底部封上，倒入混合物，冷冻2小时。

巧克力椰子香草慕斯

将鱼胶粉泡水膨胀。锅中放入小分量的搅打奶油、椰肉果茸和从香草荚中刮下的香草籽加热。离火，盖上锅盖，浸渍4分钟。过滤后，加入可可脂，再次放回火上，加热至融化后，一并倒入吸水膨胀的鱼胶和巧克力中。用手持料理棒打匀，降温至23摄氏度。将大分量的搅打奶油打发，倒入上述混合物中拌匀。将直径16厘米慕斯圈放在直径18厘米慕斯圈中央，用保鲜膜封住两个圈的底部。在两圈边缘之间倒入约110克慕斯，形成环状。将剩下的慕斯倒入直径16厘米弧面模具中，将冷冻的薄荷巧克力酱脱模后，放在慕斯中央，一并冷冻3小时。

柠檬甜脆挞皮

烤箱预热至175摄氏度。参照第176页的方法制作柠檬甜脆挞皮面团。将面团擀至3毫米厚度，铺在直径19厘米挞圈模具底部，直接空烤[①] 20分钟至挞皮充分上色。

椰子波雷露红茶托卡多雷蛋糕

烤箱预热至160摄氏度。厨师机装上刀片配件，在缸中加入纯杏仁粉和糖粉搅匀，加入土豆淀粉、全蛋液和33克蛋清，打至轻微乳化。倒入红茶粉和擦丝椰肉，用刮刀拌匀。用厨师机打发37克蛋清，加入细砂糖，打发至硬性发泡，蛋白呈反光状态。用刮刀将蛋白轻柔地拌入上述混合物，加入冷却的融化黄油拌匀。在烤盘中铺硅胶垫，倒入蛋白糊抹平，烤12分钟。出炉后，用直径17厘米挞圈切出圆形蛋糕片，放在挞底中央。

西柚覆盆子尼泊尔花椒果酱

用手持料理棒将西柚果肉、覆盆子和柠檬汁打匀，倒入锅中加热。加入NH325果胶和细砂糖，加热至沸腾。加入花椒后，一并倒在盆中，封上保鲜膜，冷藏30分钟。取出，用手持料理棒打匀，铺在挞皮底部的蛋糕片上，用刮刀抹平。在挞皮边缘撒上擦丝椰肉，静置备用。

---

①译注：空烤，即仅预先烤制挞皮，再放入其余配料，多用于水果挞，以避免水果受热遭到破坏。

组装和装饰

将慕斯及薄荷巧克力的组合片脱模，在低温环境下，均匀浇上粉色果胶淋面，放在挞皮底部的托卡多雷蛋糕上。将粉色绒面喷砂酱的所有原料混合，加热融化至45摄氏度。将慕斯圆环脱模，喷上粉色绒面，放在淋面的慕斯周围。用厨师机打发甘纳许，在裱花袋中装上104号裱花嘴，装入甘纳许。将挞放在裱花台中央，在慕斯表面上挤出陀飞轮（参照第184页）。将西柚果肉、椰子刨片和薄荷嫩叶摆在慕斯圆环上，用粉色巧克力细丝和食用银箔点缀，并挤出珍珠状无色镜面果胶做装饰。

焦糖榛子挞

原料

制作1个挞　准备时间：2小时　烘烤时间：34分钟　冷藏时间：12小时+12小时+1小时　冷冻时间：3小时

焦糖打发甘纳许（提前1天制作）

全脂牛奶63克
淡奶油44克（小分量）
细砂糖32克
法芙娜度思调温金黄巧克力105克
淡奶油148克（大分量）
马斯卡彭奶酪23克

焦糖淋面（提前1天制作）

鱼胶粉8克
纯净水52克
淡奶油200克
无糖炼乳50克
纯净水30克
细砂糖75克
葡萄糖75克
纯净水65克
法芙娜塔那里瓦调温牛奶巧克力75克
法芙娜欧帕丽斯调温白巧克力75克

①译注：焦化黄油，又称榛子黄油。黄油融化至120摄氏度后，水分蒸发，乳糖和蛋白质发生美拉德反应，产生褐色沉淀，此时黄油呈焦糖色，有坚果芳香。

柠檬甜脆挞皮

黄油90克
中筋面粉（T55）140克
细砂糖27克
有机黄柠檬半个，仅取皮屑
精盐0.5克
杏仁糖粉50克
全蛋液25克

榛子托卡多雷蛋糕

糖粉90克
榛子粉178克
淀粉21克
蛋黄21克
蛋清95克
蛋清95克
细砂糖67克
焦化黄油[①] 157克
蜂蜜15克

②译注：榛子膏，即榛子经烘烤，与糖粉一同打碎成柔滑的膏体。

榛子奶酱

鱼胶粉2克
纯净水14克
淡奶油65克
蜂蜜15克
糖衣榛子50克
榛子膏[②] 37克
鲜奶油250克

装饰

烘烤榛子
牛奶巧克力细丝（参见第187页）
食用金箔

工具

直径16厘米的挞圈1个
直径19厘米的挞圈模具1套（Silikomart® Tarte Ring，含直径19厘米挞圈1个、直径16厘米弧面模具1个）
裱花袋
104号裱花嘴1个
电动裱花台1个

步骤

焦糖打发甘纳许（提前1天制作）

在锅中小火加热小分量的淡奶油和全脂牛奶。另起一锅，干炒细砂糖至变为焦糖色，离火，掺入上述热奶油。倒至巧克力上，用手持料理棒打匀。加入大分量的淡奶油和马斯卡彭奶酪，再次打匀，用保鲜膜覆盖在混合物表面，冷藏12小时。

焦糖淋面（提前1天制作）

将鱼胶粉泡水膨胀。在锅中加热淡奶油、无糖炼乳和纯净水至沸腾。另起一锅，加入细砂糖、葡萄糖和纯净水，煮至变为焦糖色，离火。将热奶油倒在焦糖中，搅匀，再次煮沸。加入吉利丁水溶液，一并倒入牛奶巧克力和白巧克力中，再次打匀，冷藏12小时。

柠檬甜脆挞皮

烤箱预热至165摄氏度。参照第176页的方法制作柠檬甜脆挞皮面团。将面团擀至4毫米厚，铺在直径19厘米挞圈模具底部，烘烤20分钟，冷藏30分钟备用。

榛子托卡多雷蛋糕

将焦化黄油过滤至蜂蜜中，静置备用。烤箱预热至165摄氏度。参照第179页方法制作托卡多雷蛋糕，并省去其配方中的香草，将融化黄油替换为蜂蜜焦化黄油。烤盘中铺硅胶垫，倒入蛋糕糊，铺平，烘烤14分钟。取出，用直径16厘米的挞圈切出圆片。

榛子奶酱

将鱼胶粉泡水膨胀。在锅中加热65克淡奶油和蜂蜜，加入吸水膨胀的鱼胶搅匀。倒入糖衣榛子和榛子膏中，加入剩余的奶油，用手持料理棒打匀，冷却至26摄氏度。倒入直径16厘米弧面模具中，冷冻3小时。

组装和装饰

将榛子托卡多雷蛋糕放在挞皮底部。用厨师机打发一小部分甘纳许，倒在蛋糕上，用刮刀抹平，冷藏30分钟。将冷冻的榛子奶酱脱模，放在烤架上（底部垫烤盘），在表面倒上焦糖淋面，放在挞中央，将挞移到裱花台中央。在裱花袋中装入104号裱花嘴，倒入剩余的甘纳许，参照第184页方法在表面挤出陀飞轮。在挞周围摆放烘烤榛子、巧克力细丝和金箔做装饰。

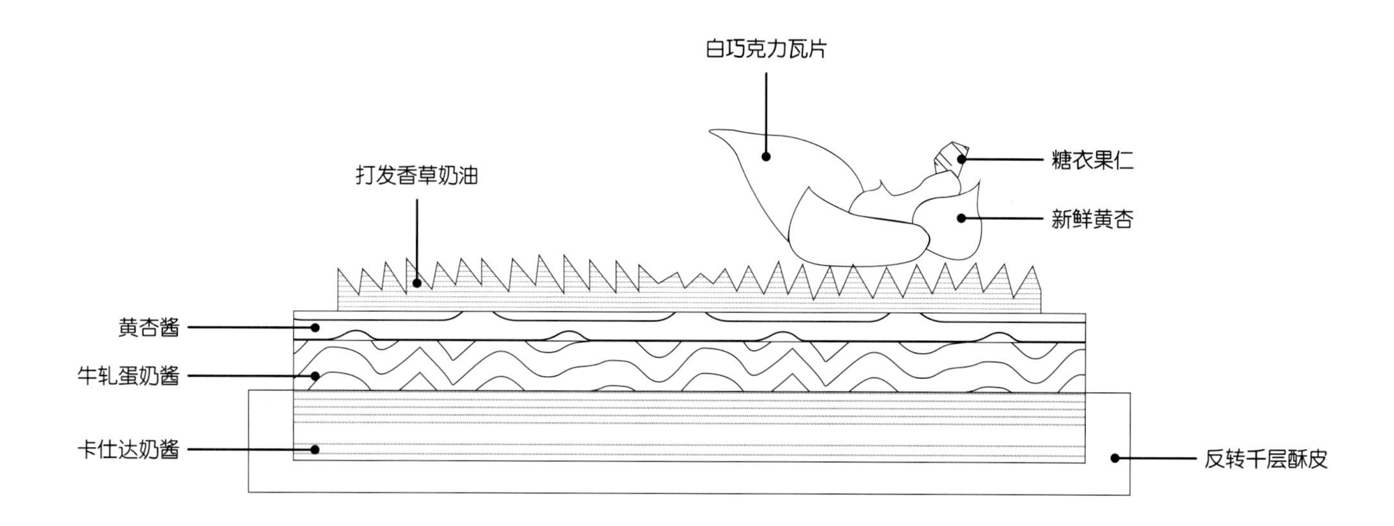

原料

制作1个挞　准备时间：2小时　烘烤时间：30分钟　冷藏时间：12小时+6小时30分钟　冷冻时间：3小时

打发香草奶油（提前1天制作）

鱼胶粉2克
纯净水14克
牛奶20克
香草荚半根
细砂糖20克
马斯卡彭奶酪35克
淡奶油160克

反转千层酥皮

黄油面团：
黄油450克
中筋面粉（T55）180克
纯面团：
中筋面粉（T55）420克
盐16克
纯净水170克
白醋4克
软化黄油135克

金黄涂层

全蛋液50克
蛋黄25克
牛奶5克
杏仁粉少许

黄杏酱

鱼胶粉3克
纯净水21克
黄杏果茸125克
新鲜橙汁30克
细砂糖20克

牛轧蛋奶酱

鱼胶粉1.5克
纯净水10.5克
淡奶油150克
杏仁膏（55%）12克
蛋黄20克
牛轧膏25克

卡仕达奶酱

全脂牛奶100克
香草荚半根
蛋黄20克
细砂糖20克
卡仕达粉10克
黄油10克

装饰

新鲜黄杏2个
糖衣果仁少量
白巧克力瓦片（参照第187页）

工具

直径18厘米的挞圈1个
直径15厘米的挞圈1个
直径15厘米的活底蛋糕模具1个
直径15厘米的硅胶圆模1个
裱花袋
104号裱花嘴1个
电动裱花台1个

牛轧黄杏挞

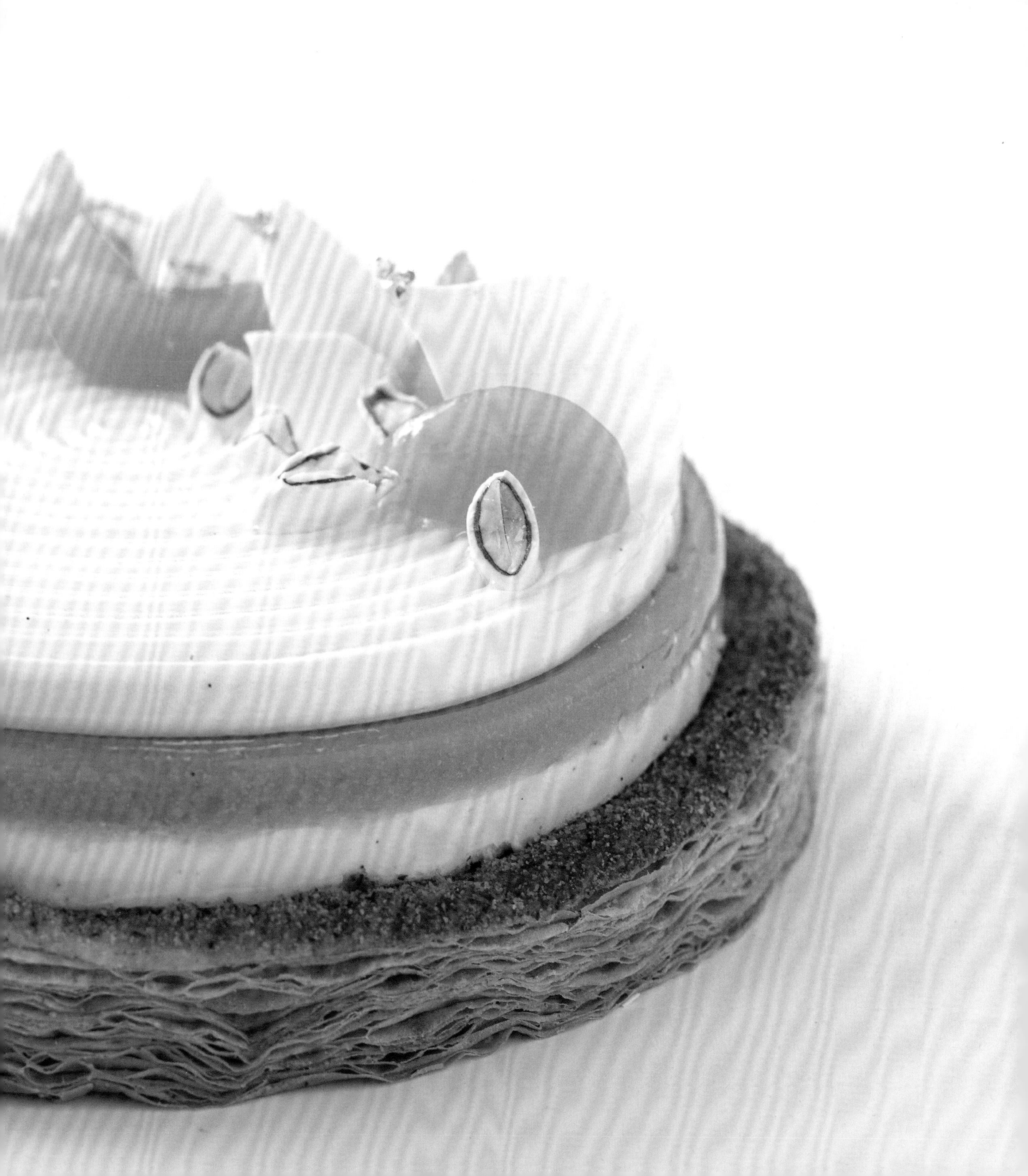

步骤

打发香草奶油（提前1天制作）

将鱼胶粉泡水膨胀。锅中加入牛奶和从香草荚中刮下的香草籽加热。离火，盖上锅盖，浸渍5分钟。加细砂糖，重新放在火上加热，加入吸水膨胀的鱼胶，煮至轻微发泡，过滤至马斯卡彭奶酪上。倒入冷藏的淡奶油，装在盆中，冷藏12小时。

反转千层酥皮及金黄涂层

参照第180页方法制作反转千层酥皮面团。将黄油面团擀成35厘米×35厘米的正方形，将纯面团擀成20厘米×20厘米的正方形，再放入冰箱冷藏。折叠完成后，将千层面团擀成2毫米厚，并切出2片直径18厘米的圆面皮，冷藏1小时。取出2片面皮，在其中1片中央，再次切出直径15厘米的面皮，以形成宽3厘米的圆环面皮。用毛刷蘸水涂在18厘米圆面皮的边缘，并将圆环面皮放在其上。将蛋黄、牛奶和全蛋液拌匀，刷在圆环上，撒上杏仁粉。冷藏4小时。

黄杏酱

将鱼胶粉泡水膨胀。将黄杏果茸和橙汁搅匀，在锅中放入1/4的黄杏橙汁、细砂糖和吸水膨胀的鱼胶，一同加热。然后倒在上述剩余的黄杏橙汁中，拌匀后再倒入直径15厘米的硅胶模具，冷藏1小时。

牛轧蛋奶酱

将鱼胶粉泡水膨胀。用手持料理棒把淡奶油和杏仁膏打匀，倒入锅中，并加入蛋黄，加热至83摄氏度，倒在吸水膨胀的鱼胶和牛轧膏中。再次打匀，冷却至35摄氏度，倒入黄杏酱的硅胶模具中，一并冷冻3小时。

卡仕达奶酱

在锅中加热牛奶和从香草荚中刮下的香草籽。同时将蛋黄和细砂糖轻微打发，加入卡仕达粉拌匀，一并倒入热牛奶中，加热至沸腾。将从香草荚中刮下的香草籽捞出，加入黄油，用手持料理棒打匀，冷藏30分钟。

组装和装饰

烤箱预热175摄氏度，在反转千层面皮的凹层中放置一个直径15厘米的活底蛋糕模具，以免受热时面皮变形，烤30分钟。待酥皮冷却，脱模。将卡仕达奶酱轻微打发至轻盈柔软质地，铺在反转千层酥皮的凹层中。将牛轧蛋奶酱脱模，将黄杏酱一面朝上，放在圆环酥皮中间。用厨师机打发香草奶油，裱花袋中放入104号裱花嘴，装入打发的香草奶油。将挞放在裱花台中央，挤出陀飞轮香草奶油（参照第184页方法）。最后用新鲜黄杏块、糖衣果仁和白巧克力瓦片装饰。

原料

制作1个挞　准备时间：2小时30分钟　烘烤时间：16分钟　冷藏时间：12小时　冷冻时间：3小时

打发香草奶油（提前1天制作）

鱼胶粉2克
纯净水14克
牛奶20克
香草荚半根
细砂糖20克
马斯卡彭奶酪35克
淡奶油160克

柠檬甜脆挞皮

黄油90克
中筋面粉（T55）140克
细砂糖27克
有机黄柠檬半个，仅取皮屑
精盐0.5克
杏仁糖粉50克
全蛋液25克

核桃蜂蜜粗糖蛋糕

核桃粉25克
粗糖14克
蛋黄25克
蛋清15克
蜂蜜15克
蛋清50克
细砂糖15克
中筋面粉（T55）21克

洋梨果酱

洋梨果茸90克
有机黄柠檬汁10克
香草荚1/4根
细砂糖8克
NH325果胶1克

白奶酪蛋奶酱

鱼胶粉4克
纯净水28克
蛋黄20克
细砂糖20克
白奶酪200克
全脂牛奶20克
淡奶油100克

装饰

直径8厘米的白巧克力圆片（参照第186页制作）
未削皮的洋梨片
焙炒杏仁碎
无色香草味果胶滴

工具

直径18厘米的挞圈1个
花瓣形慕斯模具1个（PCB Créations®）
裱花袋
圆形裱花嘴1个
104号裱花嘴1个
电动裱花台1个

步骤

打发香草奶油（提前1天制作）

将鱼胶粉泡水膨胀。锅中加入牛奶和从香草荚中刮下的香草籽加热。离火，盖上锅盖，浸渍5分钟。加细砂糖，重新放在火上加热，加入吸水膨胀的鱼胶，煮至轻微发泡，过滤至马斯卡彭奶酪上。倒入冷藏的淡奶油，装在盆中，冷藏12小时。

柠檬甜脆挞皮

参照第176页的方法制作柠檬甜脆挞皮面团。将面团擀至3毫米厚，铺在直径18厘米挞圈底部。

核桃蜂蜜粗糖蛋糕

烤箱预热至170摄氏度。厨师机装上搅拌配件，在料理缸中加入核桃粉、粗糖、蛋黄和15克蛋清，搅拌至开始乳化时，加入45摄氏度的温热蜂蜜。另打发50克蛋清，加入细砂糖，打发至硬性发泡，蛋白呈反光状态。用刮刀将打发蛋白和核桃糊轻轻拌匀，加入过筛的面粉，拌匀。倒在挞圈底部的挞皮上，烤16分钟。

洋梨果酱

将细砂糖和NH325果胶拌匀。锅中加热洋梨果茸、有机黄柠檬汁和从香草荚中刮下的香草籽，倒入果胶和细砂糖，煮至沸腾。冷却至4摄氏度，用手持料理棒打匀。裱花袋中装入圆形裱花嘴，装入洋梨果酱，冷藏备用。

白奶酪蛋奶酱

将鱼胶粉泡水膨胀。锅中煮水，放入1个盆，在水浴状态下轻微打发蛋黄、细砂糖和全脂牛奶，直至水温升至85摄氏度。倒入料理缸中，用厨师机打发并冷却。锅中放入一部分白奶酪煮至温热，加入吸水膨胀的鱼胶。将打发好的蛋黄酱与剩下的白奶酪拌匀，加入温热的白奶酪酱拌匀。用厨师机打发淡奶油，拌入白奶酪蛋奶酱中。在挞皮底部的蛋糕铺上白奶酪蛋奶酱，用刮刀刮平。将剩余的白奶酪蛋奶酱倒入花瓣形慕斯模具中，在中央挤上洋梨果酱，再铺一层白奶酪蛋奶酱，刮平，冷冻至少3小时。

组装和装饰

用厨师机打发香草奶油，裱花袋中装上104号裱花袋，放入香草奶油。在裱花台中央放一片直径8厘米的白巧克力圆片，在其上挤出香草奶油陀飞轮（参照第184页）。将花瓣形慕斯脱模，放在挞上。在花瓣底部放上焙炒杏仁碎，在挞表面摆上洋梨片，最后在挞中央摆上香草奶油陀飞轮巧克力片，挤上无色香草果胶滴做装饰。

核桃粗糖洋梨挞

樱桃糖衣果仁挞

香草打发甘纳许　新鲜红石榴粒
糖衣果仁蛋奶白巧克力酱
玫瑰花瓣
新鲜覆盆子
新鲜樱桃
糖衣果仁蛋奶白巧克力酱
杏仁酱
柠檬甜脆挞皮

原料

制作1个挞　准备时间：1小时40分钟　烘烤时间：18分钟　冷藏时间：12小时+1小时　冷冻时间：3小时30分钟

香草打发甘纳许（提前1天制作）

鱼胶粉1克
纯净水7克
淡奶油25克（小分量）
全脂牛奶60克
香草荚半根
法芙娜欧帕丽斯调温白巧克力（33%）130克
淡奶油135克（大分量）

柠檬甜脆挞皮

黄油90克
中筋面粉（T55）140克
细砂糖27克
有机黄柠檬半个，仅取皮屑
精盐0.5克
杏仁糖粉50克
全蛋液25克

杏仁酱

软化黄油25克
糖粉27克
杏仁粉27克
全蛋液25克
土豆淀粉4克

樱桃覆盆子果酱

酸樱桃果肉40克
覆盆子果肉30克
细砂糖12克
NH325果胶2克

糖衣果仁蛋奶白巧克力酱

鱼胶粉1克
纯净水7克
淡奶油50克
全脂牛奶50克
香草荚半根
60%杏仁糖酱①10克
糖衣果仁碎15克
蛋黄16克
法芙娜欧帕丽斯调温白巧克力（33%）95克
可可脂5克

装饰

粉色绒面喷砂酱
新鲜覆盆子30克
新鲜樱桃60克
新鲜红石榴1个
玫瑰花瓣少量

工具

18厘米×18厘米的方形挞模1个
12厘米×12厘米的方形挞模1个
食品包装用的厚纸板1片
104号裱花嘴
电动裱花台1个
玫瑰花瓣少量

---

①译注：杏仁糖酱，又称“帕林内”，为杏仁、糖和乳化剂制成的浓稠果仁酱，按照果仁含量不同而异，多用于制作法式甜点的内馅料、调味、饼干及面包等。

步骤

香草打发甘纳许（提前1天制作）

将鱼胶粉泡水膨胀。锅中放入全脂牛奶、小分量的淡奶油和从香草荚中刮下的香草籽加热，离火，盖上锅盖，浸渍5分钟。加入吸水膨胀的鱼胶后，一并过滤至巧克力上，用手持料理棒打匀。加入冷的大分量奶油，再次打匀，冷藏12小时。

柠檬甜脆挞皮

参照第176页的方法制作柠檬甜脆挞皮面团。将面团擀至3毫米厚，铺在18厘米×18厘米方形挞模底部，冷藏30分钟备用。

杏仁酱

烤箱预热至165摄氏度。厨师机装上搅拌配件，在料理缸中放入软化黄油和糖粉拌匀，加入杏仁粉和全蛋液搅拌，最后加入土豆淀粉拌匀，倒在挞皮上。在底部开孔的烤盘上铺一张硅胶垫，然后放入挞，烤18分钟，冷却备用。

樱桃覆盆子果酱

将细砂糖和NH325果胶拌匀，锅中加热覆盆子果肉和樱桃果肉，倒入果胶细砂糖，煮至沸腾，倒入盆中，冷藏30分钟。用手持料理棒打匀，放入裱花袋中，在烤好的挞皮底部铺满(A)。

糖衣果仁蛋奶白巧克力酱

将鱼胶粉泡水膨胀。锅中加热全脂牛奶、淡奶油、从香草荚中刮下的香草籽和杏仁糖酱，用手持料理棒打匀。加入糖衣果仁碎和蛋黄，煮至83摄氏度，一并倒在吸水膨胀的鱼胶、白巧克力和可可脂上，再次打匀，冷却至40摄氏度。取一部分糖衣果仁酱，铺在挞底的果酱上，刮平(B)，冷藏备用。将12厘米×12厘米方形挞模的底部封上保鲜膜，倒入剩余的糖衣果仁酱，冷冻2小时。

组装和装饰

用厨师机打发甘纳许。裱花袋中装入104号裱花嘴，装入打发甘纳许。在裱花台中央放置1片厚纸板，挤出直径16厘米的陀飞轮甘纳许（参照第184页方法），冷冻1小时，用刀切成12厘米×12厘米的正方形(C)，再次冷冻30分钟。将方形的糖衣果仁酱脱模，将陀飞轮甘纳许放于其上，一并喷上粉色绒面，放在挞皮中央。在挞皮边缘随意摆放覆盆子和樱桃，在表面摆放上新鲜红石榴粒和玫瑰花瓣装饰(D)。

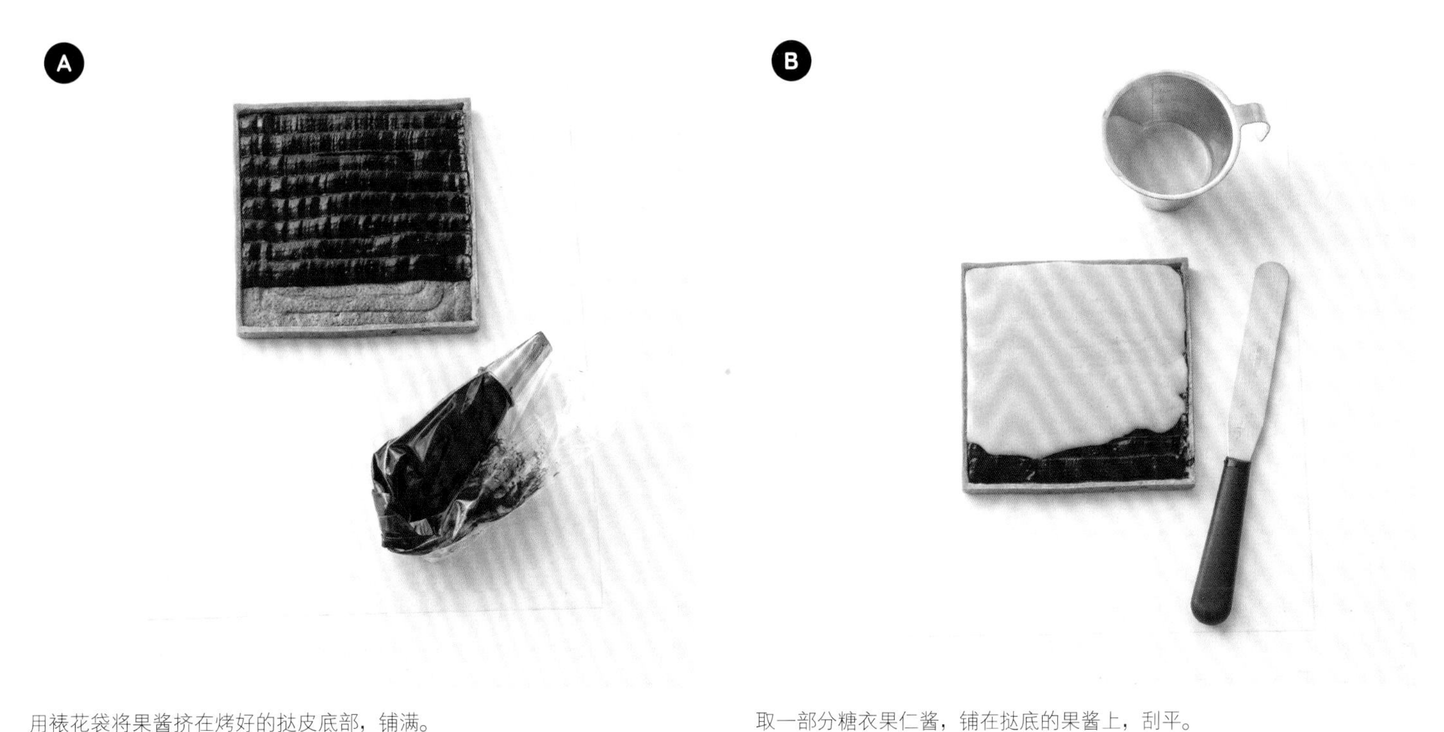

用裱花袋将果酱挤在烤好的挞皮底部，铺满。

取一部分糖衣果仁酱，铺在挞底的果酱上，刮平。

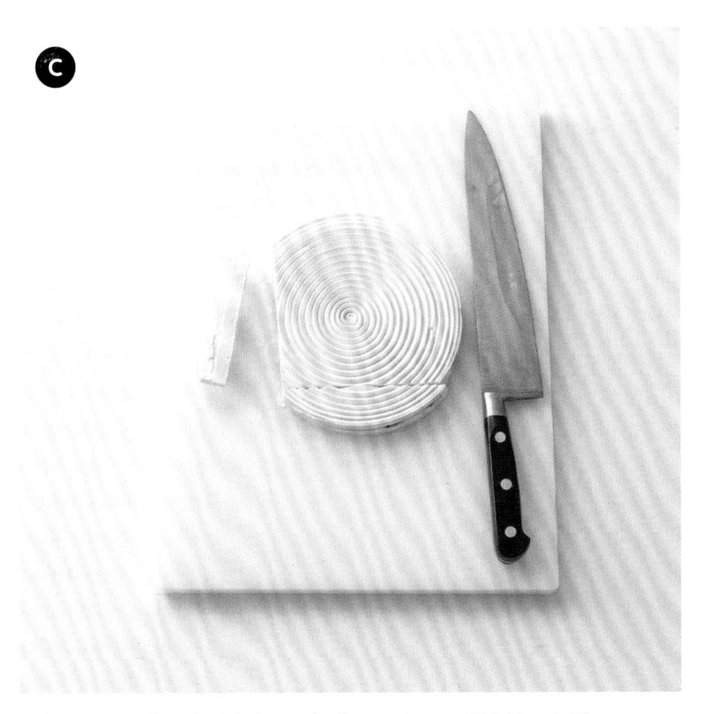

将冷冻的陀飞轮打发甘纳许用刀切成12厘米×12厘米的正方形。

将甘纳许和果仁酱方块放在挞皮中央，在挞皮边缘随意摆放覆盆子和樱桃，在表面摆放上新鲜红石榴粒和玫瑰花瓣做装饰。

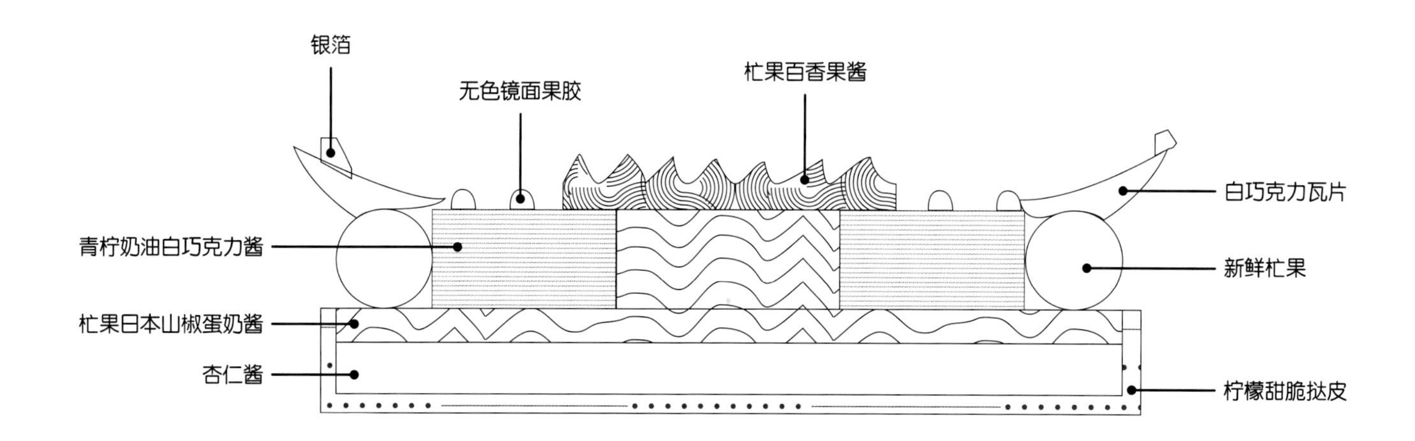

原料

制作1个挞　准备时间：1小时20分钟　烘烤时间：25分钟　冷藏时间：1小时30分钟　冷冻时间：6小时

杧果百香果酱

细砂糖5克
NH325果胶1克
杧果肉35克
百香果汁8克

杧果日本山椒蛋奶酱

鱼胶粉3克
纯净水21克
杧果肉112克
青色日本山椒3颗
全蛋液132克
细砂糖55克
黄油80克

柠檬甜脆挞皮

黄油90克
中筋面粉（T55）140克
细砂糖27克
有机黄柠檬半个，仅取皮屑
精盐0.5克
杏仁糖粉50克
全蛋液25克

杏仁酱

软化黄油30克
糖粉35克
杏仁粉35克
全蛋液30克
土豆淀粉5克

青柠奶油白巧克力酱

鱼胶粉1克
纯净水7克
淡奶油30克
青柠檬半个，仅取皮屑
法芙娜欧帕丽斯调温白巧克力（33%）35克
搅打奶油35克

白色绒面喷砂酱

法芙娜调温白巧克力（33%）75克
可可脂75克

装饰

白巧克力瓦片少量
新鲜杧果2个
无色镜面果胶
银箔

工具

直径7.5厘米的六连陀飞轮硅胶模具1个（Silikomart®）
直径18厘米的挞圈1个
直径8厘米、高度15毫米的小挞圈1个
裱花袋
电动裱花台
直径20毫米的挖球器1个

杧果泡泡挞

将杏仁酱倒在挞皮上。在底部开孔的烤盘上铺一张硅胶垫，然后放入挞，烤25分钟。

将杧果日本山椒蛋奶酱脱模，放在直径14厘米挞圈底部中央，倒入青柠奶油白巧克力酱，直至与杧果小挞的高度齐平，避免没过杧果小挞。

将青柠奶油白巧克力片脱模，在表面喷上绒面后，放在挞皮中央，在顶部放上杧果百香果酱陀飞轮。

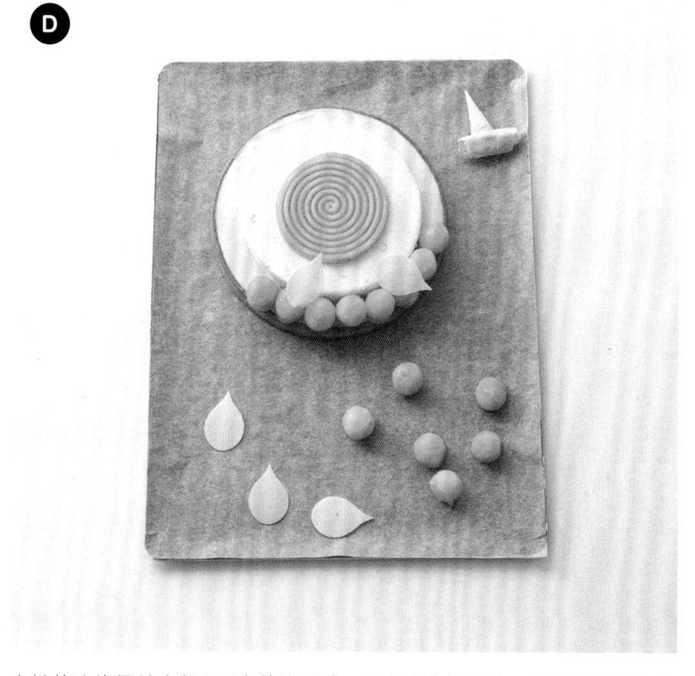

在挞的边缘摆放直径2厘米的杧果球，用白巧克力瓦片、透明果胶滴和银箔做装饰。

步骤

杧果百香果酱

将NH325果胶和细砂糖拌匀。锅中加热杧果肉和百香果汁，加糖煮沸后，倒在盆中，封上保鲜膜冷藏1小时。用手持料理棒打匀，倒在陀飞轮硅胶模具的其中一个位置，冷冻3小时。

杧果日本山椒蛋奶酱

将鱼胶粉泡水膨胀。锅中加热杧果肉和碾碎的青色日本山椒，煮至轻微冒泡，离火，盖上锅盖，浸渍5分钟，过滤备用。将全蛋液和细砂糖轻微打发，加入温热的杧果肉，再次煮至沸腾，加入吸水膨胀的鱼胶，冷却至45摄氏度。加入黄油，并用手持料理棒打匀。取一小部分铺在小挞圈中，冷冻1小时。剩余部分放在裱花袋中备用。

柠檬甜脆挞皮

参照第176页的方法制作柠檬甜脆挞皮面团。将面团擀至3毫米厚，铺在直径18厘米的挞圈底部，冷藏备用。

杏仁酱

烤箱预热至165摄氏度。给厨师机装上搅拌配件，在料理缸中放入软化黄油和糖粉拌匀，加入杏仁粉和全蛋液搅拌，最后加入土豆淀粉拌匀，倒在挞皮上（A）。在底部开孔的烤盘上铺一张硅胶垫，然后放入挞，烤25分钟，冷却备用。

青柠奶油白巧克力酱

将鱼胶粉泡水膨胀。锅中加热淡奶油和青柠皮，再加入吸水膨胀的鱼胶，一并过滤至白巧克力上，用手持料理棒打匀，冷却至23摄氏度。同时用厨师机打发搅打奶油，拌入青柠奶油巧克力中。将杧果日本山椒蛋奶酱脱模，放在直径14厘米的挞圈底部中央，倒入青柠奶油白巧克力酱，直至与杧果小挞的高度齐平，避免没过杧果小挞（B）。冷冻2小时。

组装和装饰

将白色绒面喷砂酱加热至45摄氏度。在裱花台中央摆放挞皮，将青柠奶油白巧克力片脱模，在表面喷上绒面后，放在挞皮中央，在顶部放上杧果百香果酱陀飞轮（C）。在挞的边缘摆放2厘米大小的杧果球，用白巧克力瓦片、透明果胶滴和银箔做装饰（D）。

碧根果牛奶巧克力挞

原料

制作1个挞　准备时间：1小时30分钟　烘烤时间：34分钟　冷藏时间：12小时+12小时+1小时　冷冻时间：4小时

牛奶巧克力淋面（提前1天准备）

鱼胶粉4克
纯净水28克
纯净水35克
细砂糖75克
葡萄糖50克
无糖全脂炼乳75克
法芙娜白希比调温牛奶巧克力90克

打发牛奶甘纳许（提前1天准备）

全脂牛奶70克
细砂糖18克
榛子膏20克
法芙娜白希比调温牛奶巧克力（46%）75克
淡奶油160克

牛奶巧克力慕斯

鱼胶粉1克
纯净水7克
蛋黄11克
细砂糖7克
牛奶36克
法芙娜塔那里瓦调温牛奶巧克力30克
法芙娜马卡埃调温黑巧克力7克
淡奶油50克

香草甜脆挞皮

黄油90克
中筋面粉（T55）140克
细砂糖27克
香草粉末0.5克
精盐0.5克
杏仁糖粉50克
全蛋液25克

碧根果托卡多雷蛋糕

黄油125克
碧根果60克
杏仁粉85克
糖粉100克
土豆淀粉17克
蛋黄16克
蛋清80克
蛋清80克
细砂糖55克

零陵香豆蛋奶巧克力酱

鱼胶粉1克
纯净水7克
淡奶油100克
全脂牛奶60克
细砂糖25克
蛋黄15克
法芙娜白希比46%调温牛奶巧克力65克
法芙娜马卡埃62%调温黑巧克力30克
零陵香豆半颗

装饰

焙炒碧根果仁250克
法芙娜卡拉梅利亚焦糖巧克力豆少量
金箔

工具

40厘米×30厘米烤盘1个
直径19厘米的挞圈模具1套（Silikomart®，含直径19厘米挞圈1个、直径16厘米弧面模具1个）
直径17厘米的挞圈1个
裱花袋
104号裱花嘴1个
电动裱花台1个

步骤

牛奶巧克力淋面（提前1天准备）

将鱼胶粉溶于28克的纯净水中。锅中加入35克纯净水、细砂糖和葡萄糖煮至108摄氏度，离火，加入无糖全脂炼乳，重新放回火上，煮至沸腾。一并倒在牛奶巧克力和吸水膨胀的鱼胶中，用手持料理棒打匀，冷藏12小时。

打发牛奶甘纳许（提前1天准备）

锅中加热全脂牛奶、细砂糖和榛子膏，再加入巧克力。用手持料理棒打匀，加入冷的淡奶油，再次打匀，冷藏12小时。

牛奶巧克力慕斯

将鱼胶粉泡水膨胀。蛋黄加细砂糖轻微打发，倒入锅中，加入牛奶，煮至83摄氏度，加入吸水膨胀的鱼胶。一并倒在巧克力上，用手持料理棒打匀，冷却至28摄氏度。同时，用厨师机打发淡奶油，拌入上述的巧克力中，再倒入直径16厘米的弧面模具中，冷冻4小时。

香草甜脆挞皮

烤箱预热至175摄氏度。参照第176页的方法制作柠檬甜脆挞皮面团。将面团擀至4毫米厚，铺在直径19厘米的挞圈底部，直接空烤20分钟。

碧根果托卡多雷蛋糕

先将黄油加热，制成焦化黄油。烤箱预热至165摄氏度。厨师机装上刀片配件，放入碧根果和糖粉打匀，后加入杏仁粉、土豆淀粉、蛋黄和80克蛋清继续打匀。用厨师机打发80克蛋清，加入细砂糖，打发至硬性发泡，蛋白呈反光状态，倒入上述碧根果糊中拌匀，取其中一小部分拌入45摄氏度的焦化黄油，再倒回剩余的碧根果糊中一并拌匀。烤盘中铺上硅胶垫，倒入碧根果黄油糊铺平，烤14分钟。出炉后，用直径17厘米的挞圈切出圆片，放在烤好的挞皮上（A）。

零陵香豆蛋奶巧克力酱

将鱼胶粉泡水膨胀。锅中加热淡奶油、全脂牛奶和零陵香豆碎屑，离火，盖上锅盖，浸渍5分钟。另起一锅，干炒细砂糖至焦糖色，加入上述热奶油搅匀。加入蛋黄，煮至83摄氏度，再加入吸水膨胀的鱼胶，一并倒在巧克力中。用手持料理棒打匀，冷却至35摄氏度，倒在挞底的蛋糕上，用刮刀刮平（B）。冷藏1小时。

组装和装饰

将牛奶巧克力慕斯脱模，放在烤架上（底部垫烤盘）。将淋面加热到25摄氏度，完整地淋在慕斯上（C）。将已淋面的慕斯放在挞中央（D）。用厨师机打发甘纳许，裱花袋中装入104号裱花嘴，倒入甘纳许。将挞放在裱花台中央，挤出陀飞轮甘纳许（E，参照第184页方法）。在冷冻慕斯的边缘摆放碧根果（F），在挞表面用巧克力豆和金箔装饰。

A

用直径17厘米挞圈切出托卡多雷蛋糕圆片，放在烤好的挞皮上。

B

将零陵香豆、豆蛋奶巧克力酱倒在挞底的托卡多雷蛋糕上。

C

将牛奶巧克力慕斯脱模，放在烤架上；将牛奶巧克力淋面完整地淋在慕斯上。

D

将已淋面的慕斯放在挞中央。

E

将挞放在裱花台中央，挤出陀飞轮形的打发甘纳许。

F

在冷冻慕斯的边缘摆放碧根果。

原料

制作12个小挞　准备时间：2小时　烘烤时间：35分钟　冷藏时间：12小时+2小时

打发香草奶油（提前1天制作）

鱼胶粉2克
纯净水14克
牛奶20克
香草荚半根
细砂糖25克
马斯卡彭奶酪43克
淡奶油200克

反转千层酥皮

黄油面团：
黄油225克
中筋面粉（T55）90克
纯面团：
中筋面粉（T55）210克
盐8克
纯净水85克
白醋2克
软化黄油67克

甜味麦秆酥

反转千层酥皮250克
细砂糖50克

香草托卡多雷蛋糕

杏仁糖粉240克
香草荚半根
土豆淀粉16克
蛋清80克
蛋黄10克
蛋清80克
细砂糖44克
融化黄油92克

野草莓果酱

细砂糖13克
NH325果胶3克
野草莓果肉100克
草莓果肉60克

装饰

新鲜野草莓300克

工具

直径8厘米的小挞圈12个
直径6厘米的小挞圈12个
裱花袋
104号裱花嘴1个
裱花台1个

步骤

打发香草奶油（提前1天制作）

将鱼胶粉溶解在水中。锅中加入牛奶和从香草荚中刮下的香草籽加热。离火，盖上锅盖，浸渍5分钟。加细砂糖，重新放在火上加热，加入泡好的鱼胶，煮至轻微发泡，过滤至马斯卡彭奶酪上。倒入冷藏的淡奶油，装在盆中，冷藏12小时。

反转千层酥皮

参照第180页的方法制作反转千层酥皮。将黄油面团擀至17厘米×17厘米的正方形，将纯面团擀至12厘米×12厘米的正方形，再冷藏。

甜味麦秆酥

将反转千层酥皮擀平，撒上细砂糖，将面皮进行一次“双折”，再次擀平后，进行一次“单折”，冷藏30分钟。取出后擀平，撒上细砂糖，擀至3毫米厚度，切成12条2.5厘米宽的小面皮。在直径8厘米的小挞圈内铺上油纸，并将小面皮环绕在挞圈内壁。在直径6厘米的小挞圈外壁刷上油，放入环形小面皮中央，冷藏1小时。烤箱预热至175摄氏度，将环形小面皮烤20分钟，直至面皮呈焦糖色。将环形面皮中央的6厘米挞圈取出，若粘连，则用小刀辅助。

香草托卡多雷蛋糕

烤箱预热至165摄氏度，参照第179页方法制作托卡多雷蛋糕，烤15分钟。取出后，用直径6厘米小挞圈将蛋糕切分为蛋糕圆片，放在上一步的环形麦秆酥中央。

野草莓果酱

将细砂糖和NH325果胶混匀。锅中加热野草莓果肉和草莓果肉，并加入NH325果胶细砂糖中，煮至沸腾，倒入盆中，冷藏30分钟。

组装和装饰

将果酱打匀，铺在挞底的托卡多雷蛋糕片上，铺至与挞边高度齐平。用厨师机打发香草奶油，裱花袋中放入104号裱花嘴，倒入打发香草奶油。将小挞放在裱花台中央，在果酱表面挤出陀飞轮奶油（参照第184页）。在陀飞轮蛋糕周围摆放野草莓做装饰。

野草莓挞

香蕉牛奶巧克力挞

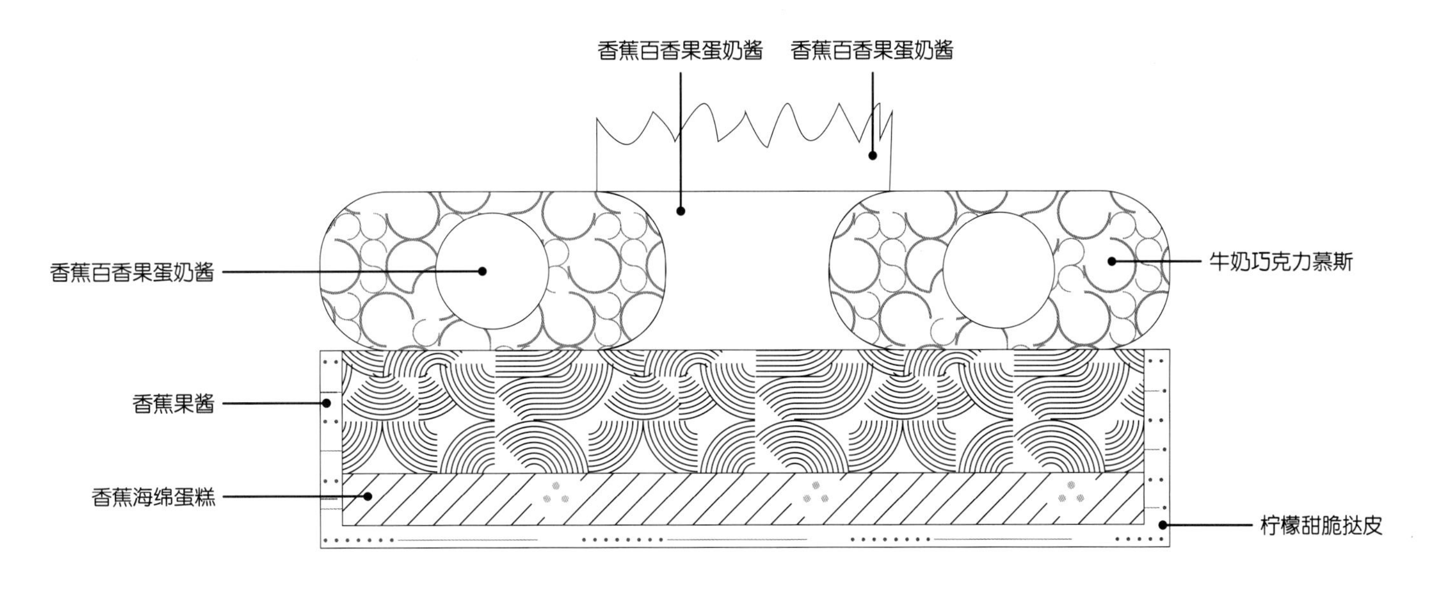

原料

制作1个挞　准备时间：2小时　烘烤时间：25分钟　冷藏时间：12小时+1小时　冷冻时间：4小时

牛奶巧克力淋面（提前1天准备）

鱼胶粉3.5克
纯净水24.5克
纯净水30克
细砂糖75克
葡萄糖50克
无糖全脂炼乳50克
法芙娜白希比调温牛奶巧克力（46%）90克

柠檬甜脆挞皮

黄油90克
中筋面粉（T55）140克
细砂糖27克
有机黄柠檬半个，仅取皮屑
精盐0.5克
杏仁糖粉50克
全蛋液25克

香蕉海绵蛋糕

香蕉果茸98克
生杏仁膏122克
低筋面粉13克
全蛋液90克
蛋黄8克
粗糖13克
蛋清25克
细砂糖5克
黄油28克

香蕉百香果蛋奶酱

鱼胶粉3克
纯净水21克
全蛋液100克
细砂糖100克
淡奶油100克
香蕉果茸96克
百香果汁20克
法芙娜欧帕丽斯调温白巧克力（33%）50克
黄油185克

牛奶巧克力慕斯

鱼胶粉1克
纯净水7克
蛋黄15克
细砂糖10克
牛奶55克
法芙娜白希比调温牛奶巧克力（46%）50克
淡奶油70克

香蕉果酱

成熟香蕉2根
融化黄油25克
红糖25克
香蕉果茸50克
有机黄柠檬汁3克

装饰

直径10厘米的牛奶巧克力圆片1个
黄色镜面果胶
棕色色粉少量
牛奶巧克力少量

工具

40厘米×30厘米烤盘1个
直径18厘米的挞圈1个
直径16厘米的挞圈1个
直径18厘米的圆环形硅胶模具1个（即Silikomart®模具套装的上半部分）
裱花袋
直径12毫米的圆形裱花嘴1个
104号裱花嘴1个
电动裱花台

步骤

牛奶巧克力淋面（提前1天准备）

将鱼胶粉泡于24.5克的纯净水中。锅中加入30克纯净水、细砂糖和葡萄糖煮至108摄氏度，离火，加入无糖全脂炼乳，重新放回火上，煮至沸腾。一并倒在牛奶巧克力和吸水膨胀的鱼胶中，用手持料理棒打匀，冷藏12小时。

柠檬甜脆挞皮

烤箱预热至175摄氏度，参照第176页方法制作柠檬甜脆挞皮面团。将面团擀至3毫米厚，铺在直径18厘米的挞圈底部。直接空烤15分钟，静置备用。

香蕉海绵蛋糕

烤箱预热至180摄氏度。将香蕉果茸、生杏仁膏、面粉、全蛋液、蛋黄和粗糖一同打匀。用厨师机打发蛋清，加入细砂糖，打发至硬性发泡，蛋白呈反光状态。将蛋白糊拌入香蕉糊中，加入融化黄油拌匀。烤盘中铺上硅胶垫，倒入香蕉蛋糕糊，烤15分钟。出炉后，用直径16厘米的挞圈将蛋糕切分为圆形蛋糕片。

香蕉百香果蛋奶酱

将鱼胶粉泡水膨胀。将全蛋液、细砂糖和淡奶油混匀。锅中加热香蕉果茸和百香果汁，倒入上述的奶油蛋液，煮至沸腾。加入吸水膨胀的鱼胶和白巧克力。冷却至40摄氏度，加入黄油，用手持料理棒打匀，冷藏1小时。

牛奶巧克力慕斯

将鱼胶粉泡水膨胀。用厨师机打发蛋黄，加入细砂糖，打发至发白。锅中加入牛奶和轻微打发的蛋黄煮至83摄氏度，加入吸水膨胀的鱼胶，一并倒在巧克力上，用手持料理棒打匀，降温至29摄氏度。同时用厨师机打发奶油，拌入上述巧克力蛋奶糊中，倒在直径18厘米圆环形硅胶模具中，倒至模具的一半高度。裱花袋中放入直径12毫米的圆形裱花嘴，放入香蕉百香果蛋奶酱，围绕巧克力慕斯，在表面居中位置挤出环形夹心（A），再用巧克力慕斯填满模具，用刮刀刮平，冷冻4小时。

香蕉果酱

将成熟香蕉切成圆片，放在盆中，加入融化黄油和红糖拌匀。烤盘放上油纸，放入香蕉片烤10分钟（B）。取出后冷却，切成稍大的颗粒，倒入香蕉果茸和有机黄柠檬汁拌匀，冷藏备用。

组装和装饰

在挞皮底部放入香蕉海绵蛋糕圆片，在蛋糕圆片上倒入香蕉果酱铺平（C）。牛奶巧克力淋面液加热至25摄氏度，取一部分放在盆中并加入棕色色粉（D），装入裱花袋。将牛奶巧克力慕斯圆环脱模，放在烤架上，烤架底部放烤盘。先在慕斯圆环上浇浅色的淋面液，再在其上用裱花袋挤出深色淋面液，呈大理石纹路（E），将慕斯圆环放在挞上。裱花台上铺油纸，将牛奶巧克力圆片放在中央。裱花袋中放入104号裱花嘴，倒入剩余的香蕉百香果蛋奶酱，在圆片上挤出陀飞轮（参照第184页）。在慕斯圆环中央铺上香蕉百香果蛋奶酱，在陀飞轮上喷一层黄色镜面果胶，随意点上几滴融化的牛奶巧克力，摆在圆环中央的蛋奶酱表面（F）。

将慕斯倒在直径18厘米的圆环形硅胶模具中，倒至模具的一半高度。将香蕉百香果蛋奶酱在慕斯表面挤成环形。

烤盘放上油纸，放入香蕉片烤10分钟。

在挞皮底部放入香蕉海绵蛋糕圆片，在蛋糕圆片上倒入香蕉果酱铺平。

牛奶巧克力淋面液加热至25摄氏度，取一部分放在盆中并加入棕色色粉。

先在慕斯圆环上浇浅色的淋面液，再在其上用裱花袋挤出深色淋面液，呈大理石纹路。

在慕斯圆环中央铺上香蕉百香果蛋奶酱，在陀飞轮上喷一层黄色镜面果胶，随意点上几滴融化的牛奶巧克力，摆在圆环中央的蛋奶酱表面。

原料

制作1个挞　准备时间：1小时20分钟　烘烤时间：25分钟　冷藏时间：12小时+2小时+30分钟　冷冻时间：7小时

香草青柠打发甘纳许（提前1天制作）

鱼胶粉1克
纯净水7克
全脂牛奶50克
有机青柠半个，仅取皮屑
椰肉果茸35克
香草荚半根
法芙娜欧帕丽斯调温白巧克力130克
淡奶油135克

布列塔尼沙布雷饼底

软化黄油95克
细砂糖87克
盐之花2克
香草荚1/4根
蛋黄38克
中筋面粉（T55）125克
酵母粉4克

菠萝八角果酱

维多利亚菠萝100克
香草荚半根
八角半颗
纯净水30克
细砂糖25克
菠萝果茸50克
百香果汁30克
NH325果胶2克

青柠罗勒香草蛋奶酱

鱼胶粉3克
纯净水21克
淡奶油150克
牛奶150克
马达加斯加香草荚1根
有机青柠1个，仅取皮屑
新鲜罗勒5克
蛋黄56克
法芙娜欧帕丽斯调温白巧克力187克

装饰

用香草调味的柠檬黄镜面果胶
新鲜菠萝条
新鲜罗勒叶
有机青柠皮屑

工具

直径19厘米的挞圈模具1套（Silikomart®挞圈，含直径19厘米的挞圈1个、直径16厘米的弧面模具1个）
直径14厘米的双连陀飞轮硅胶模具1个（Silikomart®）
裱花袋
直径14毫米的螺纹裱花嘴1个

步骤

香草青柠打发甘纳许（提前1天制作）

将鱼胶粉泡水膨胀。锅中加热全脂牛奶和有机青柠皮屑，浸渍4分钟，过滤至椰肉果茸上，搅匀。加入从香草荚中刮下的香草籽，再次加热，避免煮沸。加入吸水膨胀的鱼胶后，一并倒在巧克力上。用手持料理棒打匀，加入冷藏的淡奶油拌匀，冷藏12小时。

布列塔尼沙布雷饼底

厨师机装上搅拌配件，在料理缸中加入软化黄油、细砂糖、盐之花和从香草荚中刮下的香草籽拌匀。逐步加入蛋黄，待蛋黄拌匀后，加入过筛的中筋面粉和酵母粉，拌匀。将面团裹上保鲜膜，冷藏醒面2小时。烤箱预热至150摄氏度，烤盘铺上硅胶垫。将面团擀至1厘米厚，切出直径17厘米的面饼，放在直径19厘米的挞圈中央，烤25分钟，冷却备用。

菠萝八角果酱

将维多利亚菠萝切成小丁。锅中放入菠萝丁、从香草荚中刮下的香草籽、切半的八角、纯净水和2/3分量的细砂糖，煮5分钟后，加入百香果汁和菠萝果茸。将剩余的1/3糖与NH325果胶混匀，加入锅中。一并倒在烤盘上，封上保鲜膜，冷藏保存。

青柠罗勒香草蛋奶酱

将鱼胶粉泡水膨胀。锅中加热牛奶和淡奶油，加入从香草荚中刮下的香草籽、有机青柠皮屑和罗勒，离火，盖上锅盖，浸渍4分钟。过滤至蛋黄中，再次加热至83摄氏度，一并倒入吸水膨胀的鱼胶和巧克力上。用手持料理棒打匀，冷却至40摄氏度，倒在陀飞轮模具的其中一个模具中，冷冻3小时。剩余的蛋奶酱一分为二，一部分先倒入直径16厘米弧面模具中，冷藏30分钟。在其表面铺上拌匀的菠萝八角果酱，再用另一部分蛋奶酱铺满，刮平，一并冷冻4小时。

组装和装饰

将弧面的蛋奶酱脱模。将用香草调味的柠檬黄镜面果胶加热至80摄氏度，喷在弧面的蛋奶酱表面。将弧面蛋奶酱放在沙布雷饼底上。将陀飞轮蛋奶酱脱模，喷上果胶，放在弧面蛋奶酱表面。在裱花袋中放入直径14毫米的螺纹裱花嘴，用厨师机打发甘纳许，倒在裱花袋中。在弧面蛋奶酱周围挤出花形，用菠萝条和罗勒叶装饰，最后撒上有机青柠皮屑。

八角菠萝挞

提拉米苏挞

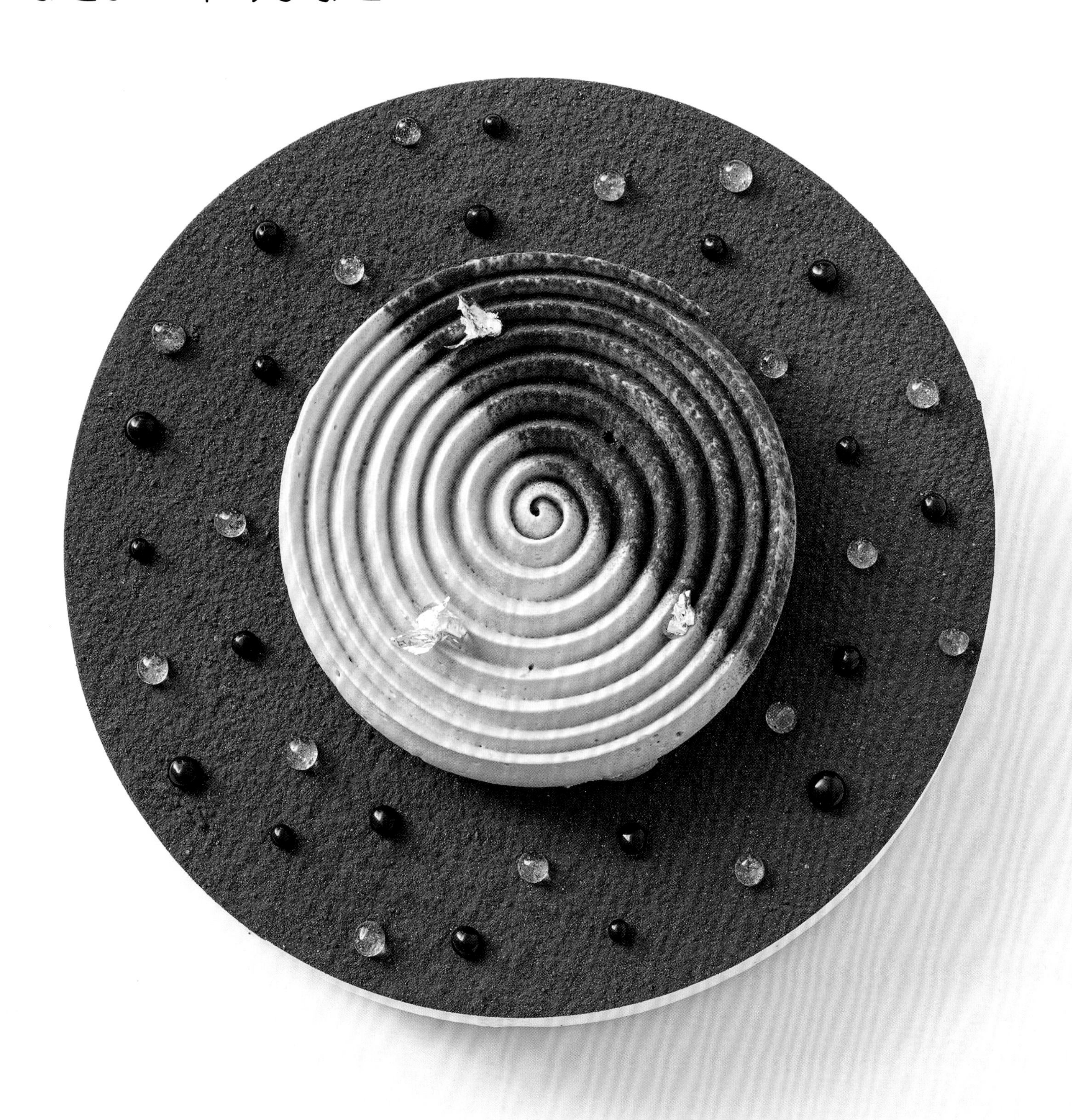

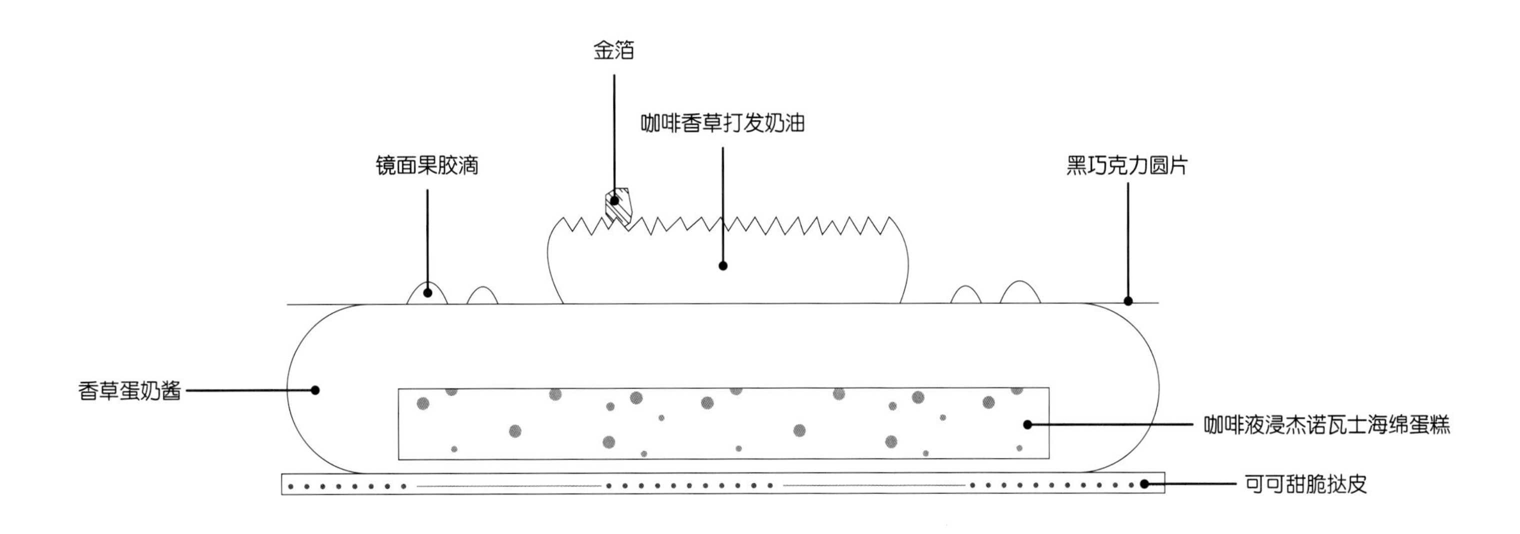

原料

制作1个挞　准备时间：2小时　烘烤时间：30～32分钟　冷藏时间：12小时+1小时　冷冻时间：4小时

咖啡香草打发奶油（提前1天制作）

鱼胶粉2克
纯净水14克
牛奶20克
香草荚半根
细砂糖20克
马斯卡彭奶酪35克
淡奶油160克
咖啡香精5克

可可甜脆挞皮

软化黄油50克
糖粉36克
全蛋液16克
中筋面粉（T55）77克
杏仁粉10克
可可粉10克

杰诺瓦士海绵蛋糕

生杏仁膏16克
细砂糖20克
全蛋液50克
中筋面粉（T55）30克
黄油12克

咖啡液

纯净水25克
细砂糖25克
浓缩咖啡50克

香草蛋奶酱

鱼胶粉4克
纯净水28克
马斯卡彭奶酪72克
奶油奶酪38克
巴布亚香草荚半根
纯净水12克
细砂糖13克
蛋黄20克
淡奶油50克
细砂糖30克
纯净水7.5克
蛋清30克

装饰

直径17厘米的黑巧克力圆片1片（参照第186页）
可可粉少量
巧克力镜面果胶
香草镜面果胶
金箔

工具

直径16厘米的弧面模具1个（Silikomart®挞圈）
直径17厘米的挞圈1个
直径12厘米、高3厘米的挞圈1个
直径8厘米的圆形切模1个
裱花袋
104号裱花嘴1个
直径12毫米的圆形裱花嘴1个
电动裱花台1个

步骤

咖啡香草打发奶油（提前1天制作）

将鱼胶粉泡水膨胀。锅中加热牛奶和从香草荚中刮下的香草籽，离火，盖上锅盖，浸渍5分钟。加入细砂糖后搅拌冷却，加入吸水膨胀的鱼胶，煮至轻微冒泡。一并过滤至马斯卡彭奶酪上，加入冷藏的淡奶油和咖啡香精，倒在盆中，冷藏12小时。

可可甜脆挞皮

在软化黄油中加入糖粉拌匀。加入全蛋液、过筛的杏仁粉、面粉和可可粉拌匀，冷藏1小时。烤箱预热至165摄氏度。将面团擀至4毫米厚，用直径17厘米挞圈切出圆面皮，放在硅胶垫上，表面再铺一层硅胶垫，烤10～12分钟，冷却备用。

杰诺瓦士海绵蛋糕

烤箱预热至175摄氏度。厨师机装上打蛋配件，在料理缸中放入生杏仁膏和细砂糖，打散拌匀。逐步加入全蛋液，打至呈轻盈滑腻质地。加入过筛的中筋面粉，用刮刀轻轻拌匀。取出一小部分面糊，拌入融化黄油中，再一并拌入剩余的面糊中。将面糊倒在直径12厘米的挞圈底部，烤20分钟。用刀锋插入蛋糕体，检查是否熟透。若插入蛋糕后，刀锋仍干燥，则蛋糕已全熟。取出冷却，将表面削平，切成1厘米厚的蛋糕片。

咖啡液

锅中加热水和糖，加入浓缩咖啡。将咖啡液倒在杰诺瓦士海绵蛋糕片上彻底浸透。

香草蛋奶酱

将鱼胶粉溶于28克纯净水中。将回温的马斯卡彭奶酪、奶油奶酪和从香草荚中刮下的香草籽轻轻拌匀，避免过度按压。锅中加入12克纯净水和13克细砂糖，煮至85摄氏度，形成30度波美度的糖浆①。厨师机装上打蛋配件，料理缸中加入蛋黄打发，再倒入糖浆，继续打发至冷却，倒入上述奶酪香草糊中拌匀。用厨师机打发淡奶油，拌入香草蛋黄糊中。锅中加入30克细砂糖和7.5克纯净水，煮至121摄氏度。用厨师机打发蛋清，加入上述糖浆，静置冷却后，加入吸水膨胀的鱼胶拌匀。用刮刀将上述蛋白糊和奶酪香草蛋黄糊拌匀，形成香草蛋奶酱，倒在直径16厘米的弧面模具底部。将咖啡蛋糕片放在香草蛋奶酱中央，继续倒满，刮平，冷冻4小时。

①译注：波美度为法国药学家安多尼奥·波美（Antoine Baumé，1728—1804年）发明的液体比重衡量单位，以标识溶液的浓度。

组装和装饰

在直径17厘米的黑巧克力圆片中央，用圆形切模切出直径8厘米的小巧克力圆片，放在裱花台中央。裱花袋中放入104号裱花嘴，用厨师机打发香草咖啡奶油，倒入裱花袋中。在小巧克力圆片上挤出奶油陀飞轮（参照第184页），剩余的香草咖啡奶油需冷藏保存。在镂空的17厘米的巧克力圆环上，撒上可可粉，并在奶油陀飞轮表面也撒上一半面积的可可粉。将香草蛋奶酱脱模，放在可可甜脆挞皮上。将巧克力圆环放在蛋奶酱表面。裱花袋中放入12毫米的圆形裱花嘴，倒入剩余的香草咖啡奶油，挤在圆环中央。放上奶油陀飞轮，在可可粉表面挤上巧克力镜面果胶滴和香草镜面果胶滴，摆上金箔做装饰。

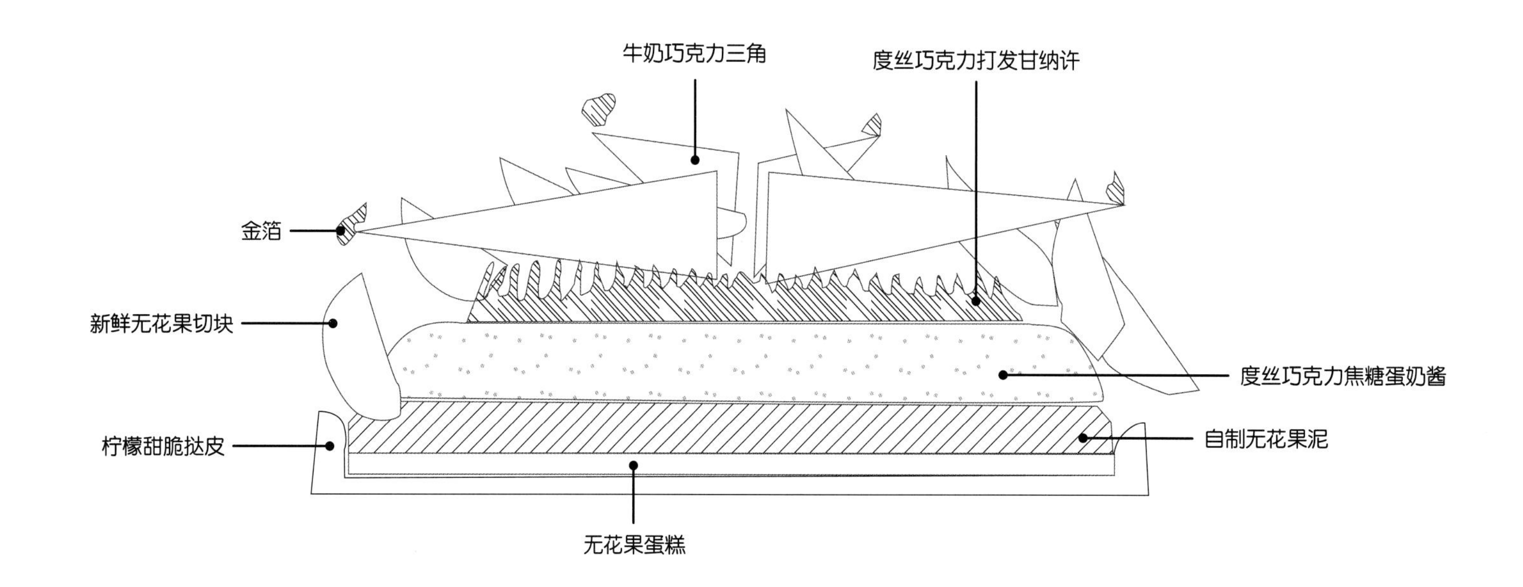

原料

制作1个挞　准备时间：1小时50分钟　烘烤时间：18分钟　冷藏时间：12小时+12小时　冷冻时间：4小时

度丝巧克力淋面（提前1天制作）

鱼胶粉5克
纯净水30克
土豆淀粉13克
搅打奶油250克
无糖全脂炼乳85克
细砂糖84克
法芙娜度思调温金黄巧克力60克

度丝巧克力打发甘纳许（提前1天制作）

淡奶油73克
葡萄糖浆8克
法芙娜®度思调温金黄巧克力100克
冷藏淡奶油185克

无花果泥（提前1天制作）

纯净水1升
完整的无花果干260克

柠檬甜脆挞皮

黄油90克
中筋面粉（T55）140克
细砂糖27克
有机黄柠檬半个，仅取皮屑
精盐0.5克
杏仁糖粉50克
全蛋液25克

无花果蛋糕

生杏仁膏60克
红糖37克
软化黄油37克
中筋面粉（T55）37克
全蛋液37克
自制无花果泥40克

度丝巧克力焦糖蛋奶酱

鱼胶粉2克
纯净水14克
全脂牛奶60克
淡奶油25克
蛋黄25克
细砂糖30克
法芙娜®度思调温金黄巧克力20克
淡奶油80克

装饰

牛奶巧克力三角
新鲜无花果切块
金箔

工具

直径20厘米的挞圈1个
直径16厘米的弧面硅胶模具1个
裱花袋
104号裱花嘴1个
电动裱花台1个

无花果巧克力焦糖奶酱挞

步骤

度丝巧克力淋面（提前1天制作）

将鱼胶粉泡水膨胀。用少量搅打奶油溶解土豆淀粉。在锅中加热剩余的搅打奶油、无糖全脂炼乳和细砂糖，将淀粉奶油倒入锅中拌匀。加入吸水膨胀的鱼胶，一并倒在金黄巧克力上，用手持料理棒打匀，冷藏12小时。

度丝巧克力打发甘纳许（提前1天制作）

在锅中加热淡奶油和葡萄糖浆，倒在巧克力中，用手持料理棒打匀。加入冷藏的淡奶油，再次打匀，冷藏12小时。

无花果泥（提前1天制作）

提前1天，煮沸水，将沸水倒在完整的无花果干中，浸泡过夜。保留50克无花果浸出液。当天将无花果捞出沥干，用厨师机打成泥，加入50克浸出液，再次打匀至绵滑质地。

柠檬甜脆挞皮

参照第176页的方法制作柠檬甜脆挞皮面团。将面团擀至3毫米厚，铺在直径20厘米的挞圈模具底部。

无花果蛋糕

烤箱预热至170摄氏度。厨师机装上搅拌配件，在料理缸中加入生杏仁膏、红糖和软化黄油拌匀。加入一半量的中筋面粉和全蛋液拌匀。用刮刀将剩余的中筋面粉和自制无花果泥拌入上述膏体中，铺在挞皮底部，一同烤18分钟，冷却备用。

度丝巧克力焦糖蛋奶酱

将鱼胶粉泡水膨胀。锅中加热全脂牛奶和25克淡奶油。另起一锅，干炒细砂糖至变为焦糖色，离火，掺入上述热奶油。蛋黄加细砂糖，轻微打发，拌入上述焦糖热奶油中，煮至83摄氏度，加入吸水膨胀的鱼胶后，一并倒在巧克力上，用手持料理棒打匀，冷却至25摄氏度。用厨师机打发80克淡奶油，拌入上述巧克力焦糖蛋奶酱中。倒在弧面硅胶模具中，冷冻4小时。

组装和装饰

将无花果泥铺在挞皮底部的无花果蛋糕上，高度与挞皮齐平，刮平（A）。将巧克力焦糖蛋奶酱脱模，放在烤架上，底部垫烤盘。将度丝巧克力淋面加热至24摄氏度，完整地浇在弧面上（B）。将已淋面的蛋奶酱放在挞中央，一并移至裱花台中央。在裱花袋中装入104号裱花嘴，用厨师机打发甘纳许，倒在裱花袋中，在弧面蛋奶酱表面挤出甘纳许陀飞轮（参照第184页）。在弧面蛋奶酱周围摆放新鲜无花果切块（C），表面摆上摆牛奶巧克力三角和金箔做装饰（D）。

A

将无花果泥铺在挞皮底部的无花果蛋糕上，高度与挞皮齐平，刮平。

B

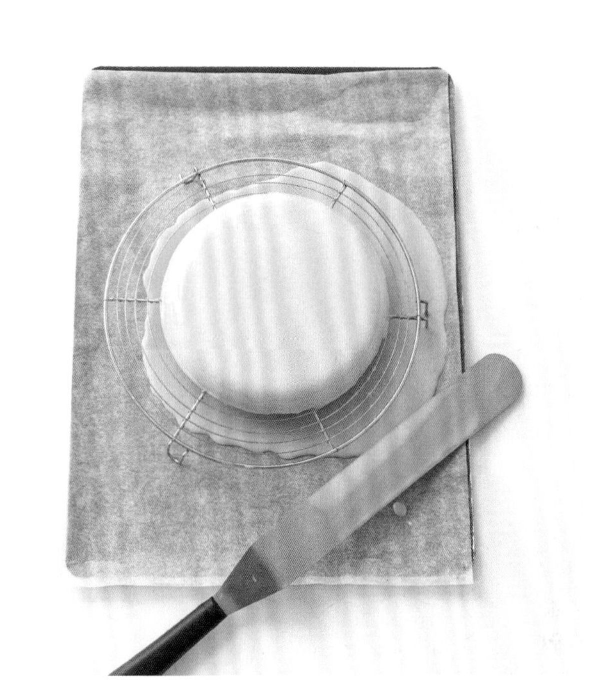

将巧克力焦糖蛋奶酱脱模，放在烤架上，底部垫烤盘。将度丝巧克力淋面加热至24摄氏度，完整地浇在弧面上。

C

裱花袋中装入104号裱花嘴，将打发甘纳许装入裱花袋中，在弧面蛋奶酱表面挤出甘纳许陀飞轮。

D

在表面摆上牛奶巧克力三角和金箔做装饰。

百香果箭叶橙挞

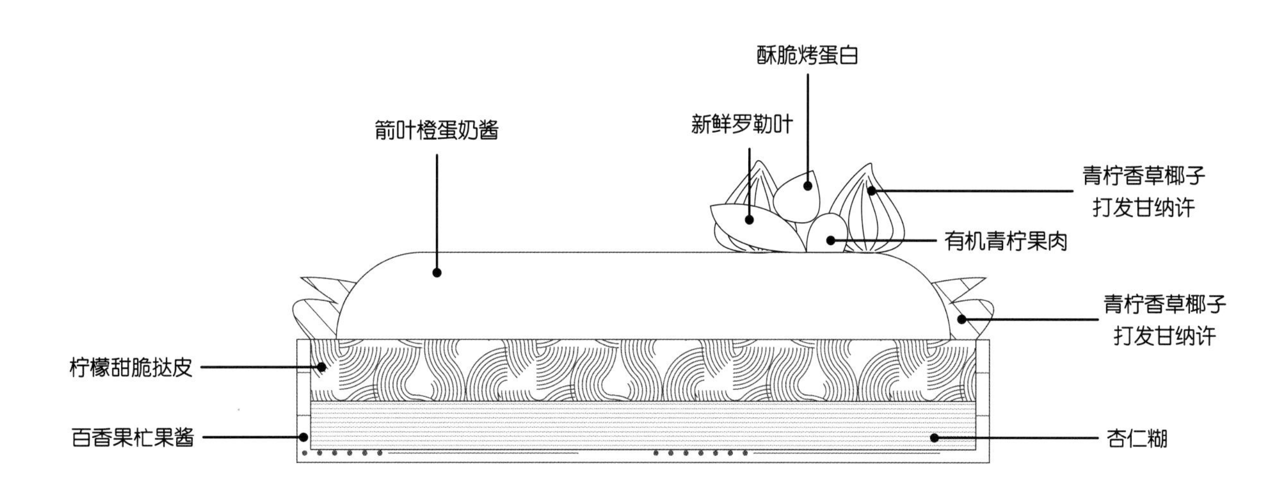

原料

制作1个挞　准备时间：2小时　烘烤时间：1小时20分钟　冷藏时间：12小时+1小时　冷冻时间：3小时

青柠香草椰子打发甘纳许（提前1天制作）

鱼胶粉1克
纯净水7克
牛奶50克
有机青柠半个
椰肉果茸35克
香草荚半根
法芙娜欧帕丽斯调温白巧克力130克
淡奶油135克

酥脆烤蛋白

蛋清30克
细砂糖30克
糖粉30克

柠檬甜脆挞皮

黄油90克
中筋面粉（T55）140克
细砂糖27克
有机黄柠檬半个，仅取皮屑
精盐0.5克
杏仁糖粉50克
全蛋液25克

箭叶橙蛋奶酱

鱼胶粉1克
纯净水7克
箭叶橙皮屑2克
罗勒叶2克
全脂牛奶30克
有机黄柠檬汁45克
全蛋液50克
细砂糖50克
黄油80克

杏仁糊

软化黄油40克
糖粉45克
无糖杏仁粉45克
全蛋液40克
土豆淀粉7克

百香果杧果酱

杧果肉120克
百香果汁80克
细砂糖50克
NH325果胶4克

装饰

绿色镜面果胶250克
有机青柠果肉少量
新鲜罗勒叶少量
有机箭叶橙皮屑少量

工具

直径18厘米的挞圈1个
直径15厘米的圆饼形慕斯模具1个（PCB Création®）
裱花袋
直径10毫米的圆形裱花嘴1个
直径14毫米的螺纹裱花嘴1个
104号裱花嘴1个

步骤

青柠香草椰子打发甘纳许（提前1天制作）

将鱼胶粉泡水膨胀。锅中加热牛奶和有机青柠皮屑，离火，盖上锅盖，浸渍4分钟。过滤至椰肉果茸中，并加入从香草荚中刮下的香草籽，再次放回火上加热，避免沸腾。加入吸水膨胀的鱼胶，一并倒入巧克力中。用手持料理棒打匀，加入冷藏的淡奶油，再次打匀，冷藏12小时。

酥脆烤蛋白

烤箱预热至100摄氏度。用厨师机打发蛋清，加入细砂糖，打发至硬性发泡，蛋白呈反光状态。加入过筛的糖粉，用刮刀轻轻拌匀。在裱花袋中放入直径10毫米圆形裱花嘴，倒入蛋白，挤出小圆球，烤1小时。取出后密封保存。

箭叶橙蛋奶酱

将鱼胶粉泡水膨胀。锅中加热牛奶、箭叶橙皮和罗勒叶，离火，盖上锅盖，浸渍8分钟。另起一锅加热有机黄柠檬汁，避免沸腾。全蛋液加细砂糖，轻微打发，倒入上述箭叶橙皮牛奶中拌匀。加入热的有机黄柠檬汁，煮至沸腾。一并倒入吸水膨胀的鱼胶中，用手持料理棒打匀，冷却至40摄氏度。加入黄油块，再次打匀，倒入直径15厘米慕斯模具中（A），冷冻3小时。

柠檬甜脆挞皮

参照第176页的方法制作柠檬甜脆挞皮面团。将面团擀至3毫米厚，铺在直径18厘米的挞圈模具底部，冷藏备用。

杏仁糊

烤箱预热至165摄氏度。厨师机装上搅拌配件，在料理缸中放入软化黄油和糖粉拌匀，依次加入无糖杏仁粉、全蛋液和土豆淀粉拌匀。将杏仁糊铺在挞皮底部（B），烤20分钟，冷却保存。

百香果杧果酱

将NH325果胶和细砂糖混匀。锅中加入杧果肉、百香果汁和细砂糖，煮沸，倒在盆中。封上保鲜膜，冷藏1小时。用手持料理棒打匀，将百香果杧果酱铺在挞底的杏仁糊上，高度与挞皮齐平（C），刮平，冷藏保存。

组装和装饰

将箭叶橙蛋奶酱脱模，放在烤架上，底部放置烤盘，浇上绿色镜面果胶后，放在挞底部的杧果酱上。在裱花袋中放入104号裱花嘴，用厨师机打发甘纳许，取一部分甘纳许放入裱花袋，将甘纳许挤在已淋面的箭叶橙蛋奶酱周围（D）。另取一裱花袋，放入直径14毫米的螺纹裱花嘴，放入剩下的打发甘纳许，在镜面表面挤出花形。摆上有机青柠果肉、新鲜罗勒叶和烤蛋白做装饰，撒上有机箭叶橙皮屑。

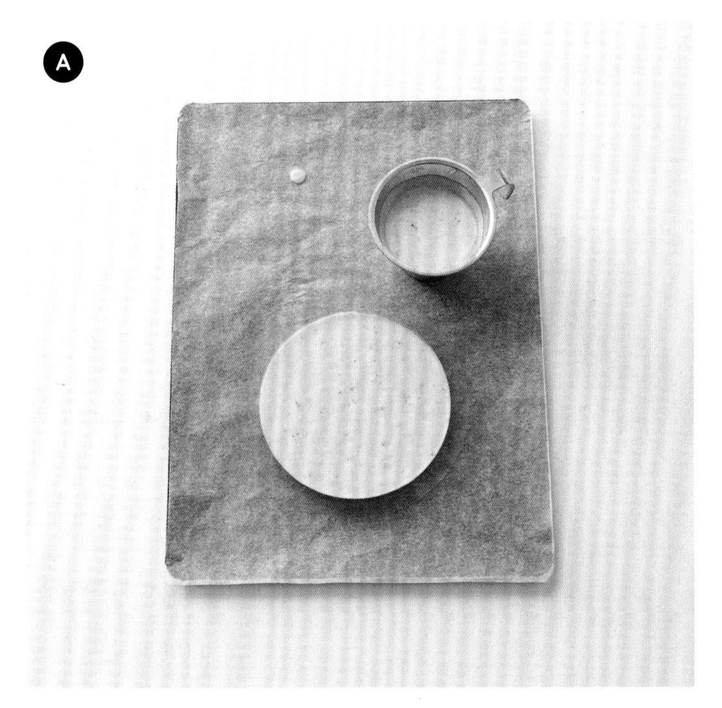

将箭叶橙蛋奶酱倒入直径15厘米的圆饼形慕斯模具中（PCB Création®），冷冻3小时。

将杏仁糊铺在挞皮底部，烤20分钟。

将百香果杧果酱铺在挞底的杏仁糊上，高度与挞皮齐平，刮平。

将箭叶橙蛋奶酱放在挞底部的杧果酱上。裱花袋中放入104号裱花嘴，用厨师机打发甘纳许，取一部分甘纳许放入裱花袋，挤在已淋面的箭叶橙蛋奶酱周围。

甜心巧克力慕斯

原料

制作1个慕斯　准备时间：2小时　烘烤时间：25～27分钟　冷藏时间：12小时+1小时30分钟　冷冻时间：3小时

巧克力镜面淋面（提前1天制作）

鱼胶粉9克
纯净水63克
淡奶油100克
葡萄糖浆60克
可可粉40克
纯净水56克
细砂糖140克

可可甜脆挞皮

软化黄油100克
糖粉72克
全蛋液32克
中筋面粉（T55）144克
杏仁粉20克
可可粉20克

无面粉巧克力蛋糕

法芙娜®伊兰卡秘鲁调温黑巧克力（63%）55克
纯可可酱15克
蛋黄95克
细砂糖55克
蛋清147克
细砂糖55克

黑醋栗覆盆子果酱

鱼胶粉1克
纯净水7克
细砂糖30克
NH325果胶3克
黑醋栗果肉125克
覆盆子果肉65克

浓巧克力蛋奶酱

鱼胶粉2克
纯净水7克
蛋黄30克
细砂糖12克
淡奶油200克
法芙娜®伊兰卡秘鲁调温黑巧克力（63%）88克

巧克力慕斯

蛋黄20克
细砂糖12克
全脂牛奶60克
法芙娜®伊兰卡秘鲁调温黑巧克力（63%）70克
淡奶油100克

香草零陵香豆蛋奶酱

鱼胶粉2克
纯净水14克
全脂牛奶100克
淡奶油100克
零陵香豆1/4颗，磨粉
香草荚1根
蛋黄38克
法芙娜欧帕丽斯调温白巧克力125克

紫红色喷砂酱

法芙娜欧帕丽斯调温白巧克力63克
可可脂50克
可可脂15克（调成覆盆子红色）
可可脂3克（调成蓝莓色）

装饰

紫红色巧克力圆片及方形片（参照第186页）
紫红色镜面果胶
银箔

工具

圆饼形硅胶模具1个（Silikomart®）
直径3.5厘米的圆形切模1个
五连圆饼形硅胶模具1个（PCB Création®）
十五连陀飞轮硅胶模具1个（Silikomart®）
喷枪

步骤

巧克力镜面淋面（提前1天制作）

将鱼胶粉泡水膨胀。锅中加热淡奶油、葡萄糖浆和可可粉，避免煮沸，冷却备用。另起一锅加热水和细砂糖至110摄氏度，倒入可可奶油中拌匀，一并倒入吸水膨胀的鱼胶中拌匀，冷藏12小时。

可可甜脆挞皮

在软化黄油中加糖粉拌匀，先后加入全蛋液、杏仁粉、过筛中筋面粉和可可粉拌匀，冷藏醒发1小时。烤箱预热至165摄氏度。将面团擀至3毫米厚，按照五连圆饼形硅胶模具的轮廓切出挞皮（见右页图）。烤盘铺上硅胶垫，在挞皮上再覆盖一层硅胶垫，烤10～12分钟，冷却备用。

无面粉巧克力蛋糕

烤箱预热至180摄氏度。锅中加热黑巧克力和纯可可酱至45摄氏度。蛋黄加细砂糖轻微打发，冷藏备用。用厨师机打发蛋清，加入细砂糖，打发至硬性发泡，蛋白呈反光状态。将蛋白糊拌入蛋黄中，取出1/3与巧克力糊拌匀，一并倒回蛋白蛋黄糊中拌匀。在小烤盘中铺上油纸，铺上巧克力蛋糊，烤15分钟。出炉后，用直径3.5厘米的圆形切模将蛋糕切成5片小巧克力蛋糕。

黑醋栗覆盆子果酱

将鱼胶粉泡水膨胀。锅中加热黑醋栗果肉和覆盆子果肉至40摄氏度。将NH325果胶和细砂糖混匀，拌入果肉中。煮沸，冷藏30分钟。打匀后，铺在圆饼形硅胶模具至一半高度。将小巧克力蛋糕片放在果酱表面，冷藏备用（A）。

浓巧克力蛋奶酱

将鱼胶粉泡水膨胀。蛋黄加细砂糖轻微打发，冷藏保存。锅中加热淡奶油后，倒入蛋黄液，煮至85摄氏度，倒入吸水膨胀的鱼胶和巧克力中。用手持料理棒打匀。装入裱花袋，挤在巧克力蛋糕片上填满，用刮刀刮平（B），冷冻1小时。

巧克力慕斯

蛋黄加细砂糖轻微打发。锅中加热全脂牛奶和蛋黄液，煮至85摄氏度，倒入巧克力中，用手持料理棒打匀，冷却至30摄氏度。同时用厨师机打发淡奶油，拌入巧克力蛋糊中。

香草零陵香豆蛋奶酱

将鱼胶粉泡水膨胀。锅中加热淡奶油、全脂牛奶、零陵香豆粉末和从香草荚中刮下的香草籽，加入蛋黄液，煮至85摄氏度。一并倒在吸水膨胀的鱼胶和巧克力中。用手持料理棒打匀，倒在陀飞轮模具中，冷冻1小时。

紫红色喷砂酱

将喷砂酱原料混合，加热至40摄氏度。

组装和装饰

在五连圆饼形硅胶模具底部铺上一部分巧克力慕斯。将冷冻的果酱浓巧克力圆饼蛋糕脱模（C），逐个放在巧克力慕斯表面。将剩余的巧克力慕斯倒入模具填满，刮平（D），冷冻1小时。脱模后放在烤架上，底部放烤盘。将巧克力镜面淋面液回温至27摄氏度，浇在慕斯上（E）。将五连慕斯放在可可甜脆挞皮上。将陀飞轮脱模，喷上紫红色绒面。在已淋面的慕斯中央摆上紫红色圆形巧克力片，再放上陀飞轮。用紫红色镜面果胶滴和银箔做装饰（F）。

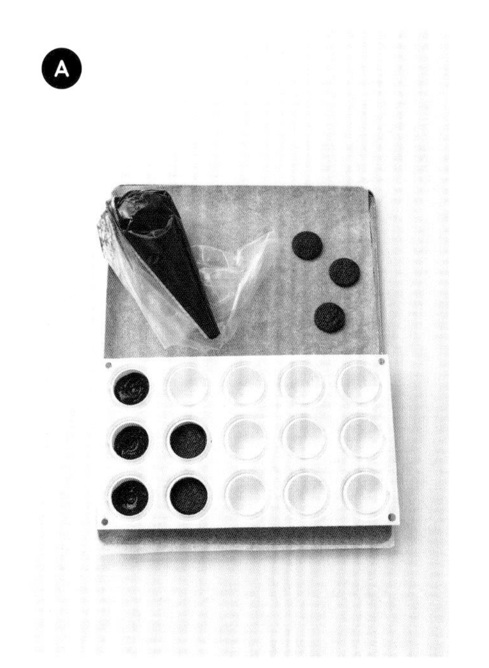

将黑醋栗覆盆子果酱铺在圆饼形硅胶模具至一半高度。将小巧克力蛋糕片放在果酱表面。

将浓巧克力蛋奶酱挤在巧克力蛋糕片上填满，用刮刀刮平。

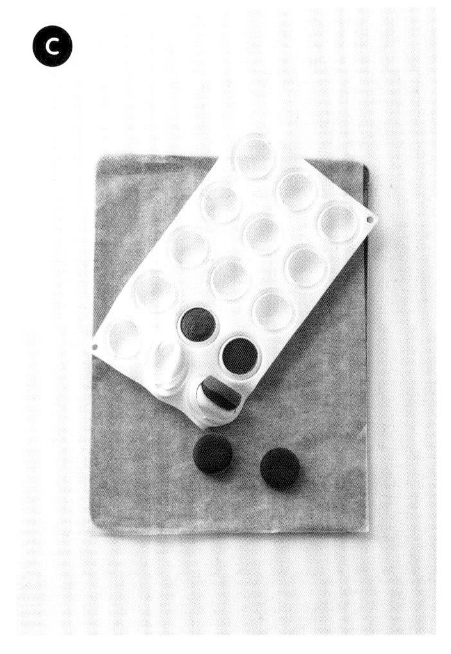

冷冻1小时后，将果酱浓巧克力圆饼蛋糕脱模。

将果酱浓巧克力圆饼蛋糕逐个放在巧克力慕斯表面。将剩余的巧克力慕斯倒入模具填满，刮平。

脱模后放在烤架上，底部放烤盘。将巧克力镜面淋面浇在慕斯上。将五连慕斯放在可可甜脆挞皮上。

在已淋面的慕斯中央摆紫红色圆形巧克力片，再放上陀飞轮。用紫红色镜面果胶滴和银箔做装饰。

香橙香草焦糖慕斯太阳花

原料

制作1组慕斯　准备时间：2小时30分钟　烘烤时间：30分钟　冷藏时间：3小时　冷冻时间：6小时

沙布雷黄油酥饼底

软化黄油100克
糖粉55克
香草荚半根
有机柠檬半个，仅取皮屑
有机香橙半个，仅取皮屑
盐之花2克
中筋面粉（T55）125克
蛋黄8克

香草托卡多雷蛋糕

杏仁糖粉240克
香草荚半根
土豆淀粉16克
蛋清80克
蛋黄10克
蛋清80克
细砂糖44克
融化黄油92克

香草焦糖酱

淡奶油72克
香草荚半根
细砂糖70克
葡萄糖浆12克
黄油12克

香橙香草蛋奶酱

鱼胶粉2克
纯净水14克
蛋黄13克
细砂糖13克
淡奶油50克
香草荚半根
橙子1/4个，仅取皮屑
淡奶油200克

香草巧克力酱

鱼胶粉1.5克
纯净水10.5克
全脂牛奶75克
鲜奶油75克
马达加斯加香草荚半根
蛋黄30克
法芙娜欧帕丽斯33%调温白巧克力90克

黄色喷砂酱

法芙娜欧帕丽斯调温白巧克力50克
可可脂50克
可可脂（调成柠檬黄色）2克
可可脂（调成淡黄色）10克

装饰

香草镜面果胶（调杧果色）250克
8厘米×1.5厘米的白巧克力片12片

工具

直径8厘米的圆形切模1个
十二连迷你闪电泡芙硅胶模具1个（Silikomart®）
直径6厘米的圆形切模1个
直径8厘米的挞圈1个
六连浅弧形硅胶模具1个（Silikomart® Cupole）
裱花袋
104号裱花嘴1个
喷枪1个
电动裱花台1个

步骤

沙布雷黄油酥饼底

烤箱预热至165摄氏度。参照第177页方法制作沙布雷黄油酥面团。擀至3毫米厚度(A)，用直径8厘米的圆形切模切出1片圆形面皮，并用闪电泡芙切模(Silikomart®)较大的一面切出12份长条形面皮(B)。烤盘铺硅胶垫，将面皮烤15分钟，冷却备用。

香草托卡多雷蛋糕

烤箱预热至165摄氏度。参照第179页方法制作托卡多雷蛋糕，烤15分钟。用直径6厘米的圆形切模切出1片圆形小蛋糕，并用闪电泡芙切模(Silikomart®)较小的一面切出12份长条形小蛋糕，冷却备用。

香草焦糖酱

锅中加热淡奶油和从香草荚中刮下的香草籽，离火，盖上锅盖，浸渍5分钟。另起一锅，放入细砂糖和葡萄糖浆，煮至焦糖色，再掺入热香草奶油，煮至103摄氏度。加入黄油块，用手持料理棒打匀，冷藏1小时。

香橙香草蛋奶酱

将鱼胶粉泡水膨胀。蛋黄加细砂糖轻微打发。锅中加热50克淡奶油、香草荚和橙皮，倒在蛋黄液中，一并加热至83摄氏度，加入吸水膨胀的鱼胶。冷却至25摄氏度。同时用厨师机打发200克淡奶油，拌入上述香橙香草蛋奶糊中。将托卡多雷蛋糕圆片放在直径8厘米的挞圈中央，在其表面挤出香草焦糖酱，再用香橙香草蛋奶酱填满挞圈，刮平。将剩余的蛋奶酱铺在闪电泡芙硅胶模具底部，并在蛋奶酱表面挤出香草焦糖酱，放上托卡多雷长条形小蛋糕填满，冷冻4小时。

香草巧克力酱

将鱼胶粉泡水膨胀。锅中加热鲜奶油、全脂牛奶和从香草荚中刮下的香草籽，离火，盖上锅盖，浸渍5分钟，加入蛋黄液，回到火上，煮至83摄氏度。过滤至吸水膨胀的鱼胶和巧克力中，打匀。一并倒入浅弧形硅胶模具的其中一个模具中，冷冻2小时(C)。剩余的香草巧克力酱冷藏2小时。

组装和装饰

将闪电泡芙模具中的香橙香草蛋奶酱脱模，浇上杧果色镜面果胶，放在沙布雷黄油酥饼底上。将圆形挞模中的香橙香草蛋奶酱脱模，放在裱花台中央。将浅弧形的香草巧克力酱脱模，放于其上。在浅弧形表面上用剩余的香草巧克力酱挤出陀飞轮(D)(参照第184页)。将喷砂酱原料加热至40摄氏度，喷在陀飞轮组合体表面。将整体移至饼底上。在长条慕斯上摆白巧克力方片，在圆形陀飞轮慕斯上用杧果色镜面果胶滴做装饰。

将沙布雷黄油酥面团擀至3毫米厚。

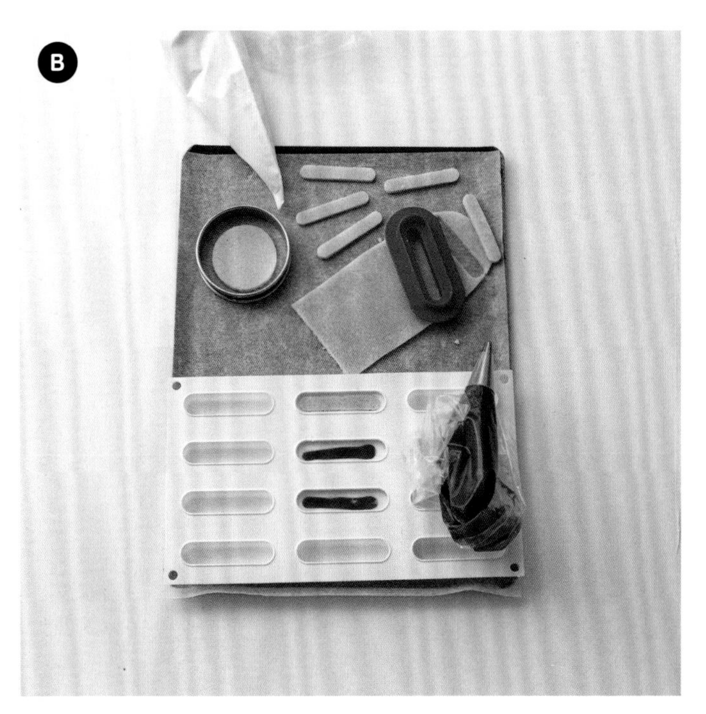

用直径8厘米的圆形切模切出1片圆形面皮；并用较大的手指形切模（Silikomart®）切出12份长条形面皮。

将香草巧克力酱倒入六连浅弧形硅胶模具的其中一个模具中，冷冻2小时。

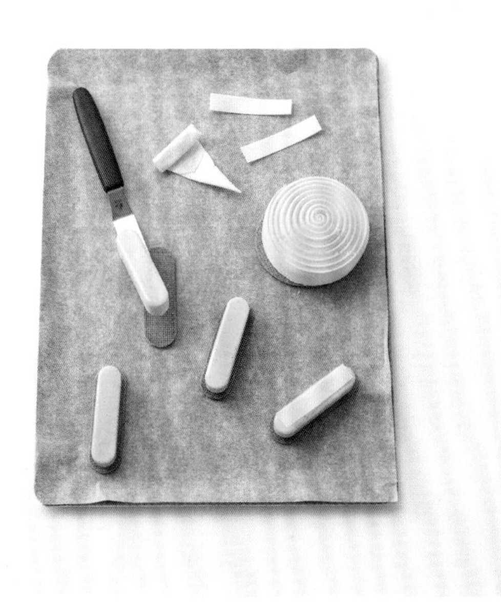

在长条的香橙香草蛋奶酱小慕斯浇上杧果色镜面果胶，移至长条形小饼底上。将浅弧形的香草巧克力酱脱模，放于其上。在浅弧形表面上用剩余的香草巧克力酱挤出陀飞轮。

原料

制作1个慕斯　准备时间：1小时30分钟　烘烤时间：12分钟　冷藏时间：12小时+15分钟　冷冻时间：5小时

巧克力打发甘纳许（提前1天制作）

全脂牛奶70克
细砂糖18克
法芙娜马卡埃调温黑巧克力（62%）75克
淡奶油160克

巧克力托卡多雷蛋糕

杏仁糖粉337克
可可粉8克
土豆淀粉15克
蛋清110克
蛋黄20克
蛋清115克
细砂糖67克
融化黄油130克
法芙娜瓜纳拉调温黑巧克力（70%）65克

坚果巧克力脆饼

榛子碎37克
碧根果31克
榛子膏22克
坚果夹心黑巧克力（吉安杜佳）28克
法芙娜白希比调温牛奶巧克力（46%）28克
千层酥片25克
盐之花1撮

巧克力奶酱

鱼胶粉1克
纯净水7克
淡奶油60克
全脂牛奶32克
细砂糖14克
法芙娜白希比46%调温牛奶巧克力36克
法芙娜马卡埃62%调温黑巧克力20克

超浓黑巧克力慕斯

法芙娜瓜纳拉调温黑巧克力（70%）135克
搅打奶油165克
纯净水32克
细砂糖33克
蛋黄50克
全蛋液25克

巧克力镜面淋面

鱼胶粉9克
纯净水63克
淡奶油100克
葡萄糖浆60克
可可粉40克
纯净水56克
细砂糖140克

装饰

黑巧克力圆片少量
巧克力色镜面果胶
银箔

工具

40厘米×30厘米的烤盘1个
直径16厘米的挞圈1个
直径18厘米的挞圈1个
直径16厘米的圆形硅胶模具1个
直径12厘米的凸面镜状硅胶模具1个（PCB Création®）
直径18厘米的圆饼状硅胶模具1个（Silikomart®）
裱花袋
104号裱花嘴1个
电动裱花台1个

超浓巧克力慕斯

步骤

巧克力打发甘纳许（提前1天制作）

锅中加热全脂牛奶和细砂糖，倒在巧克力上，用手持料理棒打匀后，加入冷藏的淡奶油拌匀，冷藏12小时。

巧克力托卡多雷蛋糕

烤箱预热至165摄氏度。厨师机装上打蛋配件，在料理缸中放入杏仁糖粉、可可粉和土豆淀粉拌匀，再加入110克蛋清和蛋黄拌匀。打发剩余的115克蛋清，加入细砂糖，打发至硬性发泡，蛋白呈反光状态。将打发蛋白拌入上述杏仁可可糊中，并加入融化黄油和巧克力。烤盘中铺硅胶垫，倒入蛋糕糊，烤12分钟。出炉后，用直径16厘米的挞圈切出蛋糕圆片。

坚果巧克力脆饼

将榛子和碧根果压碎成大颗粒，在烤箱中轻微烘烤。将坚果夹心黑巧克力（吉安杜佳）融化，倒入榛子碎和碧根果碎中。再加入干果碎、千层酥片和盐之花拌匀，一并铺在直径18厘米的挞圈底部（A），冷藏15分钟。

巧克力奶酱

将鱼胶粉泡水膨胀。锅中加热淡奶油和全脂牛奶。另起一锅，干炒细砂糖至变为焦糖色，离火，掺入上述热奶油。加入吸水膨胀的鱼胶拌匀后，倒在巧克力上，用手持料理棒打匀，冷却至35摄氏度。将巧克力托卡多雷蛋糕圆片放在直径16厘米的圆形硅胶模具底部，在其表面倒上巧克力奶酱（B）。冷冻2小时。

超浓黑巧克力慕斯

将巧克力加热融化至45摄氏度。用厨师机打发奶油，冷藏备用。锅中加热水和细砂糖，煮至85摄氏度，形成30度波美度的糖浆。厨师机装上打蛋配件，在料理缸中放入蛋黄和全蛋液搅匀，同时倒入糖浆打至冷却。取一部分搅打奶油，拌入融化巧克力中，再一并拌入甜蛋黄酱中。用刮刀将剩余的打发奶油轻轻拌入上述混合物中，铺在直径12厘米凸面镜状硅胶模具中。将剩余的慕斯倒入直径18厘米圆饼状硅胶模具中，并在中央摆放上一步冷冻的巧克力奶酱蛋糕，注意慕斯的高度不要超过巧克力奶酱蛋糕（C）。将2个模具都冷冻3小时。

巧克力镜面淋面

将鱼胶粉泡水膨胀。将淡奶油回温，加入葡萄糖浆和可可粉搅匀。锅中加热水和细砂糖至110摄氏度，加入上述混合物，一并煮至沸腾。加入吸水膨胀的鱼胶，用手持料理棒轻轻打匀，冷藏备用。

组装和装饰

将直径18厘米圆饼状的慕斯脱模，放在烤架上，底部放烤盘。将巧克力镜面淋面加热至28摄氏度，浇在慕斯上（D）。将已淋面的慕斯放在坚果巧克力脆饼上。裱花袋中放入104号裱花嘴，用厨师机打发甘纳许，将甘纳许倒入裱花袋中。裱花台铺上油纸防粘。将直径12厘米凸面镜状的慕斯放在裱花台中央，挤出陀飞轮甘纳许（参照第184页）。拉出油纸，将甘纳许陀飞轮放在大慕斯中央。用黑巧克力圆片、巧克力色镜面果胶滴和银箔做装饰。

A

将坚果巧克力脆饼铺在直径18厘米的挞圈的底部，冷藏15分钟。

B

将巧克力托卡多雷蛋糕圆片放在直径16厘米的圆形硅胶模具底部，在其表面倒上巧克力奶酱。

C

将剩余的慕斯倒入直径18厘米的圆饼状硅胶模具中，并在中央摆放上一步冷冻的巧克力奶酱蛋糕。

D

将直径18厘米的圆饼状的慕斯脱模，放在烤架上，底部放烤盘。将巧克力淋面浇在慕斯上。

栗子黑醋栗慕斯

原料

制作1个慕斯　准备时间：2小时30分钟　烘烤时间：29分钟　冷藏时间：12小时+12小时　冷冻时间：3小时

奶油白巧克力淋面（提前1天制作）

鱼胶粉4克
纯净水28克
土豆淀粉10克
搅打奶油187克
无糖炼乳62克
法芙娜欧帕丽斯调温白巧克力37克
细砂糖75克

青柠香草椰子打发甘纳许（提前1天制作）

鱼胶粉1克
纯净水7克
全脂牛奶50克
有机青柠半个
椰肉果茸35克
香草荚半根
法芙娜欧帕丽斯调温白巧克力130克
淡奶油135克

栗子蛋糕

黄油38克
杏仁粉55克
糖粉37克
土豆淀粉9克
面粉3克
安贝奥本纳斯栗子膏12克
陈年朗姆酒10克
安贝奥本纳斯栗子酱5克
蛋清30克
蛋清30克
细砂糖20克

沙布雷黄油酥饼底

软化黄油75克
香草荚1/4根
有机柠檬1/4个，仅取皮屑
有机橙子1/4个，仅取皮屑
盐之花1克
糖粉41克
中筋面粉（T55）93克
蛋黄6克

覆盆子黑醋栗果酱

鱼胶粉1克
纯净水7克
细砂糖24克
NH325果胶2.5克
黑醋栗果肉97克
覆盆子果肉48克

君度橙酒香草蛋奶酱

鱼胶粉3克
纯净水21克
蛋黄20克
细砂糖17克
淡奶油76克
香草荚半根
君度橙酒6克
淡奶油193克

栗子蛋奶酱

鱼胶粉1克
纯净水7克
全脂牛奶66克
蛋黄10克
安贝奥本纳斯栗子酱17克
安贝奥本纳斯栗子膏75克
黄油20克

紫红色喷砂酱

法芙娜欧帕丽斯调温白巧克力65克
可可脂50克
可可脂（覆盆子红色）15克
可可脂（蓝莓色）2克

装饰

新鲜椰肉刨片
擦丝椰肉
紫色镜面果胶
银箔

工具

直径16厘米和直径19厘米的挞圈
凸面镜状硅胶模具1个（PCB Création® Miroir）
（含下部的圆饼形模具和上部的凸面镜模具）
裱花袋
104号裱花嘴1个
电动裱花台1个

步骤

奶油白巧克力淋面（提前1天制作）

将鱼胶粉泡水膨胀。在淀粉中加入少许搅打奶油稀释。锅中加热剩余的搅打奶油、无糖炼乳和细砂糖，拌入稀释的淀粉奶油，整体呈浓稠状。拌入吸水膨胀的鱼胶，一并倒在巧克力上，拌匀，冷藏12小时。

青柠香草椰子打发甘纳许（提前1天制作）

将鱼胶粉泡水膨胀。锅中加热全脂牛奶和有机青柠皮屑，离火，盖上锅盖，浸渍4分钟。将其过滤至椰肉果茸中，并加入从香草荚中刮下的香草籽，再次放回火上加热，避免沸腾。加入吸水膨胀的鱼胶，一并倒入巧克力中。用手持料理棒打匀，加入冷藏的淡奶油，再次打匀，冷藏12小时。

栗子蛋糕

烤箱预热至170摄氏度。将黄油加热融化至褐色，制成焦化黄油。将杏仁粉、糖粉、土豆淀粉和面粉一同过筛。在栗子膏中加入朗姆酒和栗子酱，拌入第一份蛋清，加入过筛的粉类。用厨师机打发另一份蛋清，加入细砂糖，打发至硬性发泡，蛋白呈反光状态，拌入栗子面糊中，加入冷却至40摄氏度的焦化黄油拌匀。倒入直径16厘米的挞圈底部，烤14分钟，冷却备用。

沙布雷黄油酥饼底

烤箱预热至160摄氏度。参照第177页制作沙布雷黄油酥面团。将面团擀至3毫米厚，用直径19厘米的挞圈切出圆形面皮，在其上下面铺硅胶垫，烤15分钟，冷却备用。

覆盆子黑醋栗果酱

将鱼胶粉泡水膨胀。将细砂糖和NH325果胶混匀。锅中加热覆盆子果肉和黑醋栗果肉，温度达40摄氏度时，加入果胶和细砂糖的混合物，一并煮至沸腾，拌入吸水膨胀的鱼胶，冷藏。打匀果酱，铺在栗子蛋糕表面（A）。

君度橙酒香草蛋奶酱

将鱼胶粉泡水膨胀。蛋黄加细砂糖轻微打发至发白。锅中加热73克淡奶油和香草荚，倒在蛋黄液中。整体倒回锅中，加热至83摄氏度，加入吸水膨胀的鱼胶和君度橙酒。用厨师机打发剩余的193克淡奶油。当香草蛋黄奶油冷却至25摄氏度时，拌入打发奶油。将其一并倒在凸面镜状硅胶模具的下部，将果酱栗子蛋糕体放于其上，蛋糕面朝上（B）。刮平，冷冻2小时。

栗子蛋奶酱

将鱼胶粉泡水膨胀。锅中加热全脂牛奶。将蛋黄和安贝奥本纳斯栗子酱混合，放入锅中，煮至85摄氏度。将其倒在吸水膨胀的鱼胶和安贝奥本纳斯栗子膏上，用手持料理棒打匀。当冷却至40摄氏度时，加入黄油，再次打匀。将栗子蛋奶酱倒入凸面镜状硅胶模具的顶部，冷冻1小时。

紫红色喷砂酱

将所有原料混匀加热至40摄氏度。

组装和装饰

裱花袋中放入104号裱花嘴，用厨师机打发甘纳许，倒入裱花袋中。将冷冻的栗子蛋奶酱脱模，放在油纸上，移至裱花台中央，在其表面挤出陀飞轮甘纳许（参照第184页），冷藏保存。将圆饼形的君度橙酒香草蛋奶酱脱模，放在烤架上，底部放烤盘。将奶油白巧克力淋面加热至23摄氏度，在圆饼中央摆一个直径18厘米的挞圈，在挞圈的外围浇上淋面（C）。移至沙布雷黄油酥饼底上。将陀飞轮底部的油纸取出，在其表面喷上紫红色绒面，放在慕斯中央。底部用擦丝椰肉装饰，在陀飞轮上用椰肉刨片（D）、紫红色镜面果胶滴和银箔装饰。

打匀覆盆子黑醋栗果酱，铺在栗子蛋糕表面。

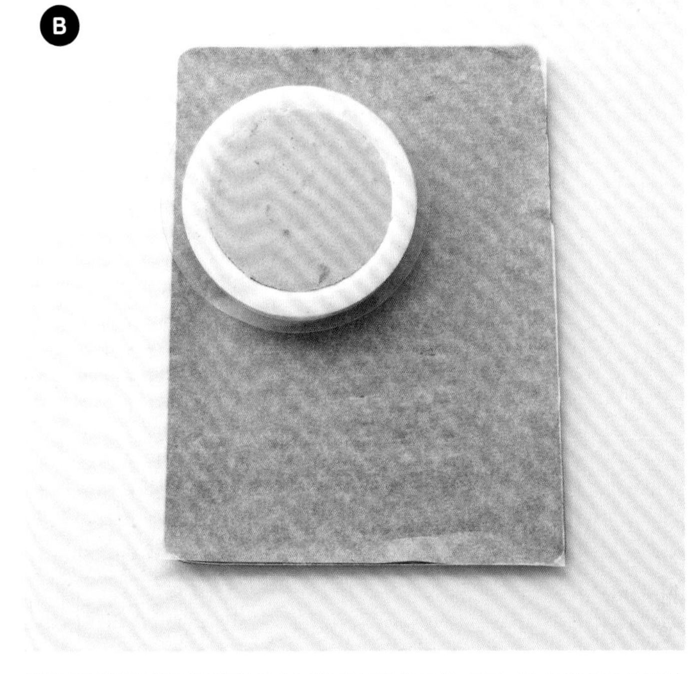

将君度橙酒香草蛋奶酱倒在凸面镜状硅胶模具的下部，将果酱栗子蛋糕体放于其上，蛋糕面朝上。

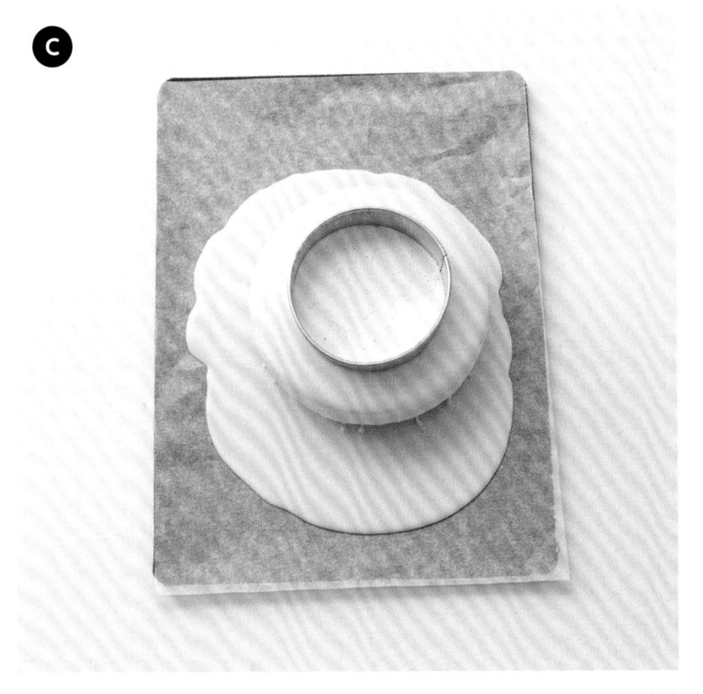

在圆饼中央摆一个直径18厘米的挞圈，在挞圈的外围浇上奶油白巧克力淋面。

将君度橙酒香草蛋奶酱移至沙布雷黄油酥饼底上。底部用擦丝椰肉装饰，在陀飞轮上用椰肉刨片装饰。

原料

制作1个慕斯　准备时间：1小时　烘烤时间：16分钟　冷藏时间：至少1小时　冷冻时间：4小时30分钟

热带水果泥
鱼胶粉2克
纯净水14克
杧果果茸100克
百香果果茸30克
菠萝果茸25克
细砂糖20克

松脆油酥沙布雷
软化的半盐黄油61克
杏仁糖粉35克
全蛋液8克
中筋面粉（T55）58克
酵母粉2克

沙布雷饼底碎
烤好的松脆油酥沙布雷160克
有机青柠1/4个，仅取皮屑
融化黄油40克
可可脂10克

香草蛋奶酱
鱼胶粉4克
纯净水28克
马斯卡彭奶酪72克
奶油奶酪38克
巴布亚香草荚半根
纯净水12克
细砂糖13克
蛋黄20克
淡奶油50克
细砂糖30克
纯净水7.5克
蛋清30克

装饰
杧果1各
火龙果1个
擦丝椰肉

工具
直径18厘米的挞圈1个
直径17厘米的挞圈1个
直径14厘米的双连陀飞轮硅胶模具1个（Silikomart®）
直径15毫米的挖球器1个

步骤

热带水果泥
将鱼胶粉泡水膨胀。将所有果茸混合，取出一半加热。在热果茸中加入细砂糖和吸水膨胀的鱼胶，倒在另一半果茸中拌匀，倒入陀飞轮模具的其中一个模具中，冷冻3小时。

松脆油酥沙布雷
烤箱预热至160摄氏度。参照第178页方法制作松脆油酥沙布雷面团。将面团擀至5毫米厚，切成直径8厘米的圆形面皮，上下铺硅胶垫，烤16分钟，直至均匀上色，冷却备用。

沙布雷饼底碎
将上一步的沙布雷敲碎，加入有机青柠皮屑。将融化黄油和可可脂混匀，倒在沙布雷饼底碎上，捏匀，铺在直径18厘米的挞圈中压实，冷藏至少1小时。

香草蛋奶酱
将鱼胶粉泡在28克纯净水中膨胀。将回温的马斯卡彭奶酪、奶油奶酪和从香草荚中刮下的香草籽轻轻拌匀，避免过度按压。锅中加入12克纯净水和13克细砂糖，煮至85摄氏度，形成30度波美度的糖浆。厨师机装上打蛋配件，在料理缸中加入蛋黄打发，再倒入糖浆，继续打发至冷却，倒入上述奶酪香草糊中拌匀。用厨师机打发淡奶油，拌入香草蛋黄糊中。锅中加入30克细砂糖和7.5克纯净水，煮至121摄氏度。用厨师机打发蛋清，加入上述糖浆，静置冷却后，加入吸水膨胀的鱼胶拌匀。用刮刀将上述蛋白糊和奶酪香草蛋黄糊拌匀，制成香草蛋奶酱，倒在直径17厘米的挞圈底部，刮平，冷冻1小时30分钟。

组装和装饰
将香草蛋奶酱脱模，放在沙布雷饼底碎上。将陀飞轮脱模，放在香草蛋奶酱中央。将带皮杧果切成小片，用挖球器挖出少量杧果肉和火龙果肉，放在陀飞轮周围。将杧果片放于果肉球上。在香草蛋奶酱底部用擦丝椰肉装饰。

热情乳酪慕斯

覆盆子夏洛特

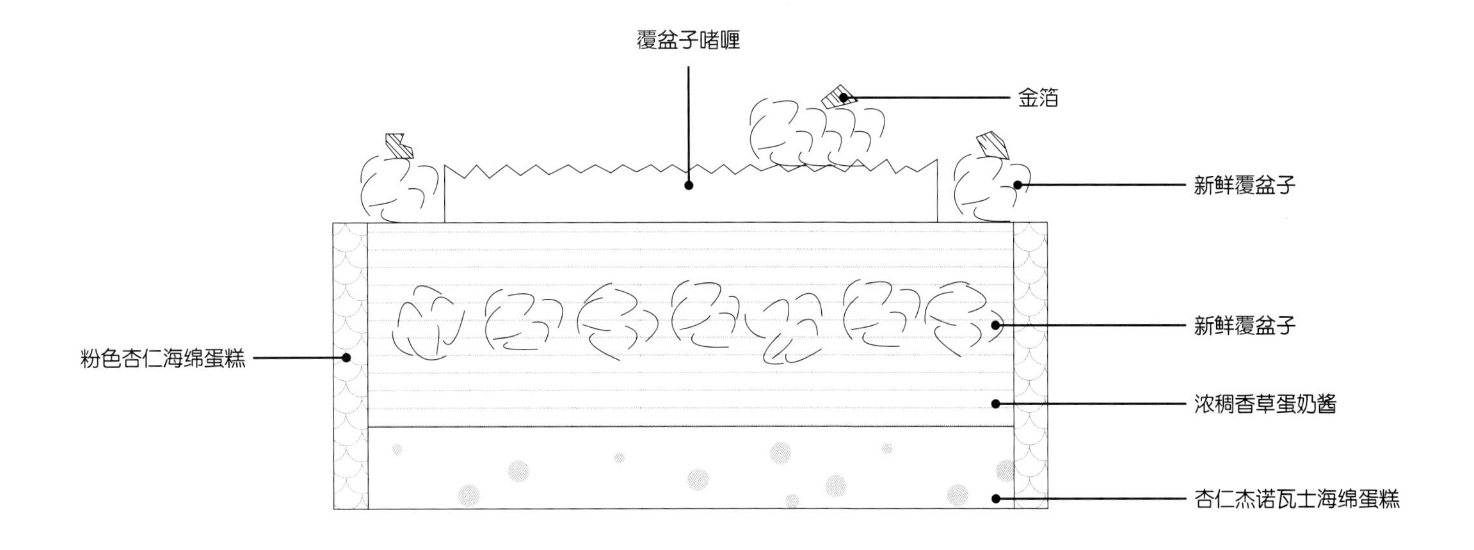

原料

制作1个慕斯　准备时间：50分钟　烘烤时间：32分钟　冷藏时间：2小时　冷冻时间：3小时

覆盆子啫喱

鱼胶粉2克
纯净水14克
覆盆子果肉120克
新鲜黄柠檬汁2克
细砂糖10克

粉色杏仁海绵蛋糕

全蛋液75克
杏仁糖粉125克
中筋面粉（T55）17克
天然红色色素1克
蛋清60克
细砂糖8克
融化黄油15克

杏仁杰诺瓦士海绵蛋糕

生杏仁膏27克
细砂糖34克
全蛋液80克
中筋面粉（T55）47克
融化黄油20克

香草樱桃酒浸泡液

纯净水70克
细砂糖45克
香草荚半根
樱桃酒20克

浓稠香草蛋奶酱

鱼胶粉4克
纯净水28克
全脂牛奶45克
淡奶油45克
香草荚1根
蛋黄40克
细砂糖30克
淡奶油230克
新鲜覆盆子30颗，约90克

装饰

新鲜覆盆子30颗
金箔

工具

40厘米×30厘米的烤盘1个
直径18厘米的挞圈1个
直径16厘米、高度4厘米的挞圈1个
直径14厘米的双连陀飞轮硅胶模具1个（Silikomart®）
裱花袋
宽5厘米的围边（Rodhoïd®）

步骤

覆盆子啫喱

将鱼胶粉泡水膨胀。在覆盆子果肉加入柠檬汁拌匀，取出1/4加热，加细砂糖和吸水膨胀的鱼胶，倒在剩余的覆盆子果肉中拌匀。将其一并倒在陀飞轮模具的其中一个模具中，冷冻3小时。

粉色杏仁海绵蛋糕

烤箱预热至175摄氏度。厨师机装上搅拌配件，在料理缸中加入全蛋液、杏仁糖粉、中筋面粉和稀释的天然红色色素打匀。用打蛋器打发蛋清，加入细砂糖，打发至硬性发泡，蛋白呈反光状态，将蛋白拌入上述面糊中。加入融化黄油拌匀。烤盘铺上硅胶垫，铺上蛋糕糊，烤12分钟。出炉后冷却，切成5厘米宽的长条蛋糕。

杏仁杰诺瓦士海绵蛋糕

烤箱预热至175摄氏度。厨师机装上搅拌配件，在料理缸中加入生杏仁膏和细砂糖打软，逐步加入蛋液，打发至轻盈柔软质地。中筋面粉过筛，用刮刀拌入杏仁膏中。取出一部分，拌入融化黄油，再倒入剩余的面糊中拌匀。将其倒在直径16厘米的挞圈中，烤20分钟。用刀锋插入蛋糕体，检查是否熟透。若插入蛋糕后，刀锋仍干燥，则蛋糕已全熟。取出冷却，用蛋糕锯刀将表面削平。

香草樱桃酒浸泡液

锅中加热纯净水、细砂糖和从香草荚中刮下的香草籽，融化后，加入樱桃酒。

浓稠香草蛋奶酱

将鱼胶粉泡水膨胀。锅中加热全脂牛奶、40克淡奶油和从香草荚中刮下的香草籽。蛋黄加细砂糖轻微打发至发白，倒入锅中，煮至83摄氏度，加入吸水膨胀的鱼胶，冷却至30摄氏度。同时用厨师机打发230克淡奶油，拌入上述香草蛋奶酱中。

组装和装饰

在直径18厘米的挞圈内壁包裹一层围边(Rhodoïd®)，将长条的粉色杏仁海绵蛋糕铺在挞圈内壁(A)。将杏仁杰诺瓦士海绵蛋糕圆片放在挞圈中央，并用香草樱桃酒浸润(B)。将浓稠香草蛋奶酱铺在蛋糕圆片上，铺至挞圈一半的高度，在距离粉色蛋糕边缘1厘米处放上一圈新鲜覆盆子(C)，冷藏2小时。将覆盆子啫喱脱模，放在夏洛特蛋糕中央(D)。在周围放上新鲜覆盆子和金箔做装饰。

在直径18厘米的挞圈内壁包裹一层围边（Rhodoïd®），将长条的粉色杏仁海绵蛋糕铺在挞圈内壁。

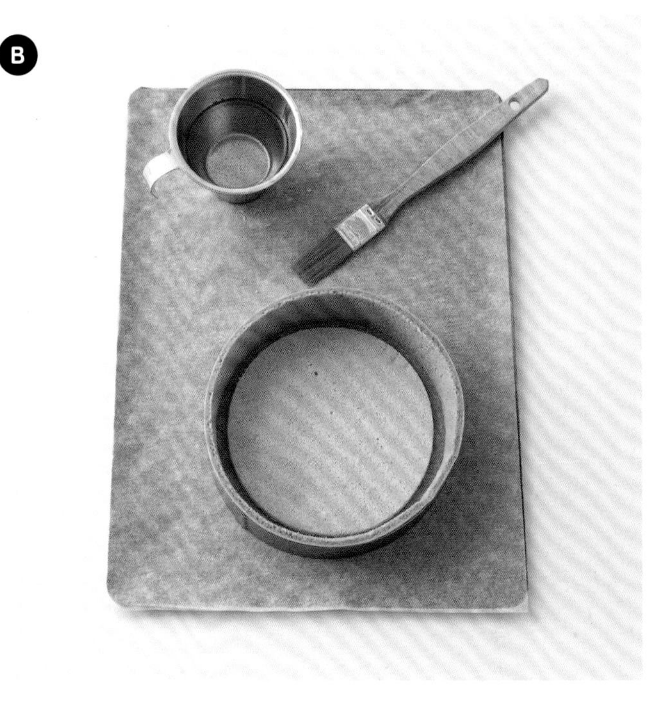

将杏仁杰诺瓦士海绵蛋糕圆片放在挞圈中央，并用香草樱桃酒浸润。

将浓稠香草蛋奶酱铺在蛋糕圆片上，铺至挞圈一半的高度，在距离粉色蛋糕边缘1厘米处放上一圈新鲜覆盆子。

将覆盆子啫喱脱模，放在夏洛特蛋糕中央。在周围放上新鲜覆盆子和金箔做装饰。

原料

制作1个慕斯　准备时间：2小时　烘烤时间：26分钟　冷藏时间：12小时+1小时　冷冻时间：7小时+4小时

打发牛奶甘纳许（提前1天准备）

全脂牛奶60克
细砂糖15克
榛子膏16克
法芙娜白希比调温牛奶巧克力（46%）62克
淡奶油125克

松脆油酥沙布雷饼底

软化的半盐黄油61克
杏仁糖粉35克
全蛋液8克
中筋面粉（T55）58克
酵母粉2克

榛子托卡多雷蛋糕

黄油95克
蜂蜜12克
杏仁粉66克
榛子粉47克
糖粉76克
玉米淀粉15克
蛋清60克
蛋清60克
细砂糖40克

日本柚子杧果酱

细砂糖50克
NH325果胶4.5克
杧果肉200克
日本柚子汁40克

榛子巧克力蛋奶酱

鱼胶粉1克
纯净水7克
淡奶油110克
蛋黄15克
法芙娜塔那里瓦调温牛奶巧克力（33%）50克
法芙娜孟加里调温黑巧克力（64%）10克
榛子膏7克

牛奶巧克力慕斯

鱼胶粉1克
纯净水7克
牛奶70克
蛋黄15克
细砂糖18克
法芙娜吉瓦那调温牛奶巧克力（40%）55克
法芙娜瓜纳拉调温黑巧克力（70%）10克
淡奶油85克

香草蛋奶酱

鱼胶粉1克
纯净水7克
淡奶油40克
香草荚半根
蛋黄10克
细砂糖10克
淡奶油140克

黑巧克力喷砂酱

法芙娜孟加里调温黑巧克力（64%）60克
可可脂40克

装饰

牛奶巧克力圆片少量（参照第186页）
新鲜杧果粒少量
香草果胶淋面（调杧果色）250克
直径10厘米的牛奶巧克力圆片1片

工具

40厘米×30厘米的烤盘1个
直径19厘米的挞圈1个
直径16厘米的慕斯圈1个
直径18厘米的凸圆饼形硅胶模具1个、直径18厘米的圆环形硅胶模具1个（即Silikomart® Game模具套装的上、下部分）
裱花袋
104号裱花嘴1个
喷枪1个
电动裱花台1个

杧果日本柚子慕斯

步骤

打发牛奶甘纳许（提前1天准备）

锅中加热全脂牛奶、细砂糖和榛子膏，倒入巧克力中。用手持料理棒打匀，加入冷的淡奶油，再次打匀，冷藏12小时。

松脆油酥沙布雷饼底

烤箱预热至160摄氏度。参照第178页方法制作松脆油酥沙布雷面团。将面团擀至5毫米厚，用直径19厘米挞圈切出圆形饼皮，上下各铺一张硅胶垫，烤14分钟，冷却备用。

榛子托卡多雷蛋糕

加热黄油，制作焦化黄油。将焦化黄油过滤至蜂蜜中，冷却备用。烤箱预热至165摄氏度。参照第179页方法制作托卡多雷面糊，省去原配方中的香草，并用焦化黄油蜂蜜代替黄油。烤盘铺硅胶垫，铺在烤盘中，烤12分钟。出炉后，用直径16厘米挞圈切出圆形蛋糕片，放在挞圈中。

日本柚子杧果酱

将NH325果胶和细砂糖混匀。锅中加入杧果肉、日本柚子汁和细砂糖，煮至沸腾后，倒在盆中，封上保鲜膜，冷藏1小时。用手持料理棒打匀，取一半果酱铺在直径16厘米的蛋糕片上（A）。

榛子巧克力蛋奶酱

将鱼胶粉泡水膨胀。锅中加热淡奶油和蛋黄，煮至83摄氏度，倒在吸水膨胀的鱼胶、巧克力和榛子膏中。用手持料理棒打匀，冷却至40摄氏度。将其倒在直径16厘米的果酱蛋糕的表面（B），冷冻3小时。

牛奶巧克力慕斯

将鱼胶粉泡水膨胀。蛋黄加细砂糖轻微打发至发白。锅中加热牛奶和蛋黄液，煮至83摄氏度，加入吸水膨胀的鱼胶，倒在巧克力上，用手持料理棒打匀，冷却至29摄氏度。同时用厨师机打发淡奶油，将打发的淡奶油拌入上述牛奶巧克力中。一并倒在直径18厘米的凸圆饼形硅胶模具中（即Silikomart® Game模具套装的下半部分），在中央放上冷冻的16厘米的果酱榛子托卡多雷蛋糕（C），使之成为夹心，冷冻4小时。

香草蛋奶酱

将鱼胶粉泡水膨胀。蛋黄加细砂糖轻微打发至发白。锅中加热40克淡奶油和从香草荚中刮下的香草籽，倒入蛋黄液，煮至83摄氏度，加入吸水膨胀的鱼胶，冷却至25摄氏度。同时用厨师机打发140克淡奶油，拌入上述香草蛋奶酱中。倒在直径18厘米的圆环形硅胶模具中（即Silikomart® Game模具套装的上半部分），倒至模具一半的高度，并在香草蛋奶酱表面挤出一圈剩余的日本柚子杧果酱（D），制成夹心。用剩余的香草蛋奶酱填满，刮平（E），冷冻4小时。

组装和装饰

将喷砂酱的原料混合加热至40摄氏度。将直径18厘米的凸圆饼形牛奶巧克力慕斯脱模，放在烤架上，喷上黑巧克力绒面，移至松脆油酥沙布雷饼底上。将直径18厘米的圆环形香草蛋奶酱脱模，放在烤架上，浇上杧果色淋面（F），放在凸圆饼形牛奶巧克力慕斯上。裱花袋中放入104号裱花嘴，用厨师机打发牛奶甘纳许，将甘纳许倒入裱花袋中。将直径10厘米的牛奶巧克力圆片放在裱花台中央，挤出陀飞轮甘纳许（参照第184页），将陀飞轮放在已淋面的圆环慕斯中央。用牛奶巧克力圆片、新鲜杧果粒和杧果色香草果胶滴做装饰。

A

用手持料理棒打匀杧果日本柚子酱，取一半果酱铺在直径16厘米的蛋糕片上。

B

将榛子巧克力蛋奶酱倒在直径16厘米的果酱蛋糕表面。

C

将牛奶巧克力慕斯倒在直径18厘米的凸圆饼形硅胶模具中（即Silikomart® Game模具套装的下半部分），在中央放上冷冻的果酱榛子托卡多雷蛋糕。

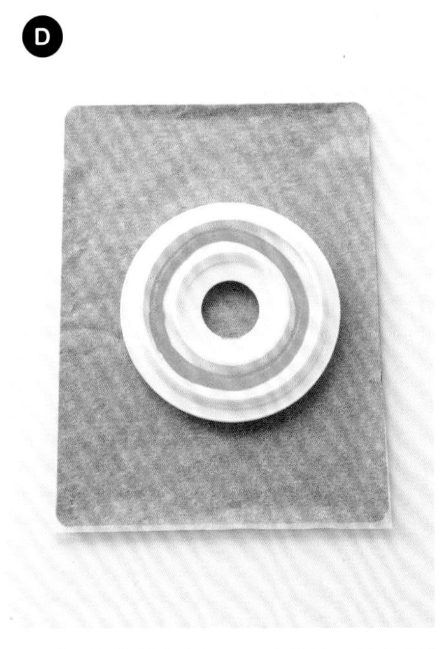

D

将香草蛋奶酱倒在直径18厘米的圆环形硅胶模具中（即Silikomart® Game模具套装的上半部分），倒至模具一半的高度，并在香草蛋奶酱表面挤出一圈剩余的日本柚子杧果酱。

E

用剩余的香草蛋奶酱填满，刮平。

F

将直径18厘米的圆环形香草蛋奶酱脱模，放在烤架上，浇上杧果色淋面。

花瓣樱桃蔓越莓慕斯

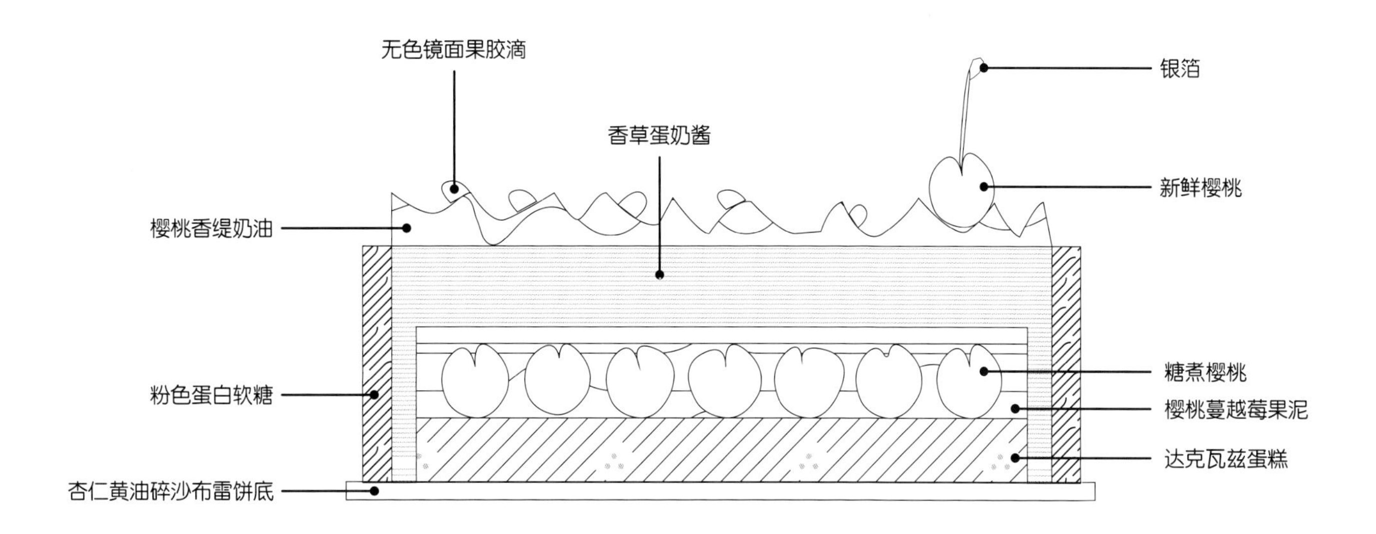

原料

制作1个慕斯　准备时间：1小时30分钟　烘烤时间：27分钟　冷藏时间：至少1小时　冷冻时间：6小时30分钟

杏仁黄油碎[①]沙布雷饼底

软化黄油50克
粗红糖50克
精盐1克
全蛋液20克
白杏仁粉65克
中筋面粉（T55）50克
酵母粉0.5克
肉桂粉2克

达克瓦兹蛋糕

蛋清37克
细砂糖5克
杏仁糖粉60克

糖煮樱桃

纯净水70克
细砂糖50克
橙子半个，仅取皮屑
去核樱桃果肉75克

樱桃蔓越莓果泥

鱼胶粉2克
纯净水14克
蔓越莓果肉60克
酸樱桃果肉30克
细砂糖10克

香草蛋奶酱

鱼胶粉5克
纯净水35克
淡奶油100克
香草荚1根
蛋黄32克
细砂糖22克
淡奶油300克

粉色蛋白软糖

鱼胶粉7克
纯净水49克
蛋清50克
细砂糖100克
葡萄糖浆25克
纯净水20克
粉色天然色素少量
植物油少量
装饰用糖粉少量

樱桃香缇奶油

鱼胶粉2克
纯净水14克
搅打奶油150克
糖粉6克
酸樱桃果肉25克
樱桃酒1克

紫红色喷砂酱

法芙娜欧帕丽斯调温白巧克力50克
可可脂50克
可可脂（调成覆盆子色）10克
可可脂（调成蓝莓色）1克

装饰

新鲜樱桃1颗
银箔
无色镜面果胶

工具

直径17厘米的挞圈1个
直径14厘米的慕斯圈1个
直径16厘米的圆形模具1个
电动裱花台1个
裱花袋
直径10毫米的圆形裱花嘴1个
厚度5毫米的尺子2把

①译注：杏仁黄油碎（Streusel），为德国面点基础工艺之一，用黄油块、糖粉和面粉揉成的细屑制作玛芬、面包、派、饼底等。

步骤

杏仁黄油碎沙布雷饼底

厨师机装上搅拌配件。在料理缸中放入软化黄油、粗红糖、精盐、全蛋液、白杏仁粉、过筛中筋面粉、酵母粉和肉桂粉拌匀，将面团封上保鲜膜，冷藏至少1小时。烤箱预热至165摄氏度，将面团擀至3毫米厚，用直径17厘米的挞圈切出圆形饼皮，烤盘铺上硅胶垫，烤12分钟。

达克瓦兹蛋糕

烤箱预热至175摄氏度。厨师机装上打蛋配件，在料理缸中打发蛋清，加入细砂糖，打发至硬性发泡，蛋白呈反光状态。加入过筛的杏仁糖粉，用刮刀轻柔拌匀。在裱花袋中放入直径10毫米圆形裱花嘴，倒入蛋糕糊，将蛋糕糊挤在直径14厘米的挞圈底部，烤15分钟，出炉后无须脱模，冷却备用。

糖煮樱桃

锅中加热纯净水、细砂糖和橙子皮屑，待细砂糖溶化后，加入去核樱桃果肉继续煮1小时，并去除杂质。将糖煮樱桃捞出沥干。

樱桃蔓越莓果泥

将鱼胶粉泡水膨胀。锅中加热一部分酸樱桃果肉、一部分蔓越莓果肉和细砂糖，倒在吸水膨胀的鱼胶中，与剩余的果肉拌匀，冷却，用手持料理棒打匀。将果泥铺在达克瓦兹蛋糕上，在表面放上沥干的糖煮樱桃（A），冷冻2小时。

香草蛋奶酱

将鱼胶粉泡水膨胀。蛋黄加细砂糖轻微打发至发白。锅中加热100克淡奶油和从香草荚中刮下的香草籽，将蛋黄液过滤至热香草奶油中，煮至83摄氏度。加入吸水膨胀的鱼胶，冷却至25摄氏度。同时用厨师机打发300克淡奶油，拌入上述香草蛋奶酱中。一并倒在直径16厘米的圆形硅胶模具中。将铺有果泥和樱桃的达克瓦兹蛋糕体放在香草蛋奶酱的表面，冷冻4小时。

粉色蛋白软糖

将鱼胶粉泡水膨胀。厨师机装上打蛋配件，打发蛋清。锅中加热水、细砂糖和葡萄糖浆至130摄氏度，加入吸水膨胀的鱼胶，倒入蛋白糊中，并加入粉色天然色素，继续打发至蛋白冷却至40摄氏度。在硅胶垫上刷一层薄油，将两把尺子放在硅胶垫两边，将粉色蛋白糊铺在硅胶垫上，以便定型（B）。撒上糖粉，冷却备用。

樱桃香缇奶油

将鱼胶粉泡水膨胀。厨师机装上打蛋配件，打发搅打奶油，加入糖粉，打发至硬性发泡。锅中加热酸樱桃果肉、樱桃酒和吸水膨胀的鱼胶。拌入打发奶油中，冷却备用。

组装和装饰

将香草蛋奶酱脱模，放在裱花台中央。裱花袋装入104号裱花嘴，倒入樱桃香缇奶油，在香草蛋奶慕斯表面挤出陀飞轮（参照第184页）（C），整体冷冻30分钟。将喷砂酱材料混合加热至40摄氏度，在陀飞轮表面喷满绒面，整体放在杏仁黄油碎沙布雷饼底的中央。将粉色蛋白软糖切成5厘米宽的长条，围在慕斯周围。用新鲜樱桃、银箔和无色镜面果胶滴做装饰（D）。

将樱桃蔓越莓果泥铺在达克瓦兹蛋糕上，在表面放上沥干的糖煮樱桃。

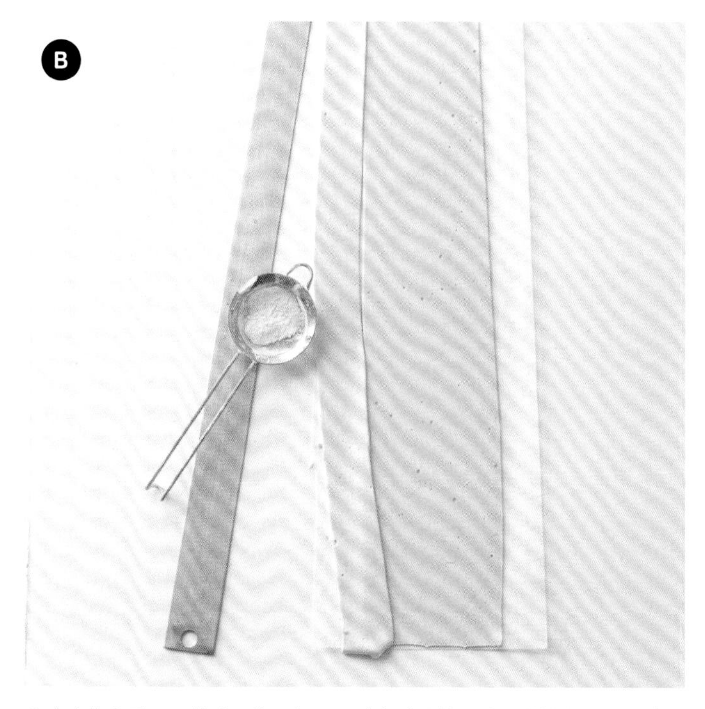

在硅胶垫上刷一层薄油，将两把尺子放在硅胶垫两边，将粉色蛋白糊铺在硅胶垫上，以便定型。

将香草蛋奶酱脱模，放在裱花台中央。将裱花袋装入104号裱花嘴，倒入樱桃香缇奶油，在香草蛋奶慕斯表面挤出陀飞轮。

将粉色蛋白软糖切成5厘米宽的长条，围在慕斯周围。用新鲜樱桃、银箔和无色镜面果胶滴做装饰。

杏仁糖渍橙子夹心国王饼

原料

制作1个饼　准备时间：1小时30分钟　烘烤时间：40分钟　冷藏时间：1小时

反转千层酥皮

黄油面团：
黄油450克
中筋面粉（T55）180克
纯面团：
中筋面粉（T55）420克
盐16克
纯净水170克
白醋4克
软化黄油135克

杏仁蛋奶酱

软化黄油75克
糖粉80克
杏仁粉80克
全蛋液50克
土豆淀粉6克
柑曼怡利口酒15克
糖渍橙子粒25克

金黄涂层

全蛋液50克
蛋黄25克
牛奶5克

工具

直径20厘米的挞圈1个
直径19厘米的挞圈1个
裱花袋
电动裱花台

步骤

反转千层酥皮

参照第181页方法制作反转千层酥皮面团。将黄油面团擀至35厘米×35厘米的正方形，将纯面团擀至20厘米×20厘米的正方形，再放入冷藏。将面团擀至2.5厘米厚，用直径20厘米的挞圈切出2片圆形面皮，冷藏1小时。

杏仁蛋奶酱

厨师机装上搅拌配件，在料理缸中加入软化黄油和糖粉拌匀，再加入杏仁粉、全蛋液拌匀，再加入土豆淀粉和柑曼怡利口酒调香。

组装和装饰

烤箱预热至185摄氏度。取出1片面皮，在中央挤出约直径16厘米的杏仁蛋奶酱。在表面放上糖渍橙子粒。刀尖蘸水，在底部面皮外沿划一圈，放上第2张面皮，将边缘压紧。用直径19厘米的挞圈切掉边缘部分（见左页图）。将金黄涂层的原料混合，用刷子在饼皮刷一层涂层，静置干燥30分钟后，刷第二层涂层。烤箱预热至185摄氏度。将国王饼放在裱花台中央，用刀尖在表面划出陀飞轮图案。烤20分钟，降温至170摄氏度，再烤20分钟。

朗姆巴巴

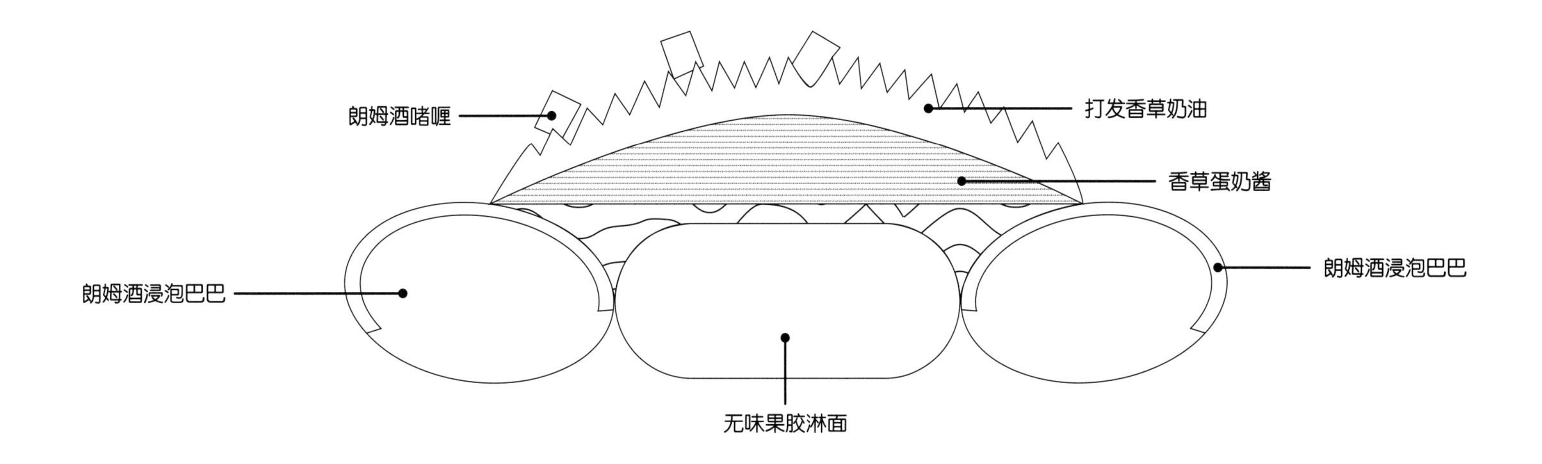

原料

制作1个慕斯　准备时间：1小时　烘烤时间：25分钟　冷藏时间：4小时以上　冷冻时间：3小时+15分钟

打发香草奶油（提前1天制作）

鱼胶粉2克
纯净水14克
牛奶20克
香草荚半根
细砂糖20克
马斯卡彭奶酪35克
淡奶油160克

巴巴面团

鲜酵母8克
全脂牛奶70克
中筋面粉（T55）150克
精盐7克
细砂糖10克
全蛋液110克
软化黄油40克

朗姆酒浸泡液

细砂糖187克
纯净水250克
陈年棕色朗姆酒60克

香草蛋奶酱

鱼胶粉3克
纯净水21克
全脂牛奶150克
淡奶油150克
马达加斯加香草荚1根
蛋黄56克
法芙娜欧帕丽斯调温白巧克力（33%）187克

无味果胶淋面

金黄色果胶淋面150克
纯净水25克

朗姆酒啫喱

陈年棕色朗姆酒10克
细砂糖10克
琼脂2克

装饰

香草粉

工具

直径20厘米的圆环形硅胶模具1个（Silikomart®）
直径8厘米的圆饼形硅胶模具1个（Silikomart® Stone）
直径12厘米的浅凹面圆饼形硅胶模具1个
裱花袋
104号裱花嘴1个
电动裱花台1个
方形模具1个

步骤

打发香草奶油（提前1天制作）

将鱼胶粉泡水膨胀。锅中加入牛奶和从香草荚中刮下的香草籽加热。离火，盖上锅盖，浸渍5分钟。加细砂糖拌匀，冷却。加入吸水膨胀的鱼胶，重新放在火上加热，煮至轻微发泡，过滤至马斯卡彭奶酪上。倒入冷藏的淡奶油，装在盆中，冷藏4小时以上。

巴巴面团

烤箱预热至185摄氏度。将鲜酵母放在冷的全脂牛奶中稀释。在厨师机中加入中筋面粉、精盐和细砂糖拌匀，分2次加入全蛋液，各搅拌20秒。倒入酵母牛奶，继续搅拌至形成均匀、光滑的面团。加入软化黄油继续搅拌。将面团装入直径20厘米的圆环形硅胶模具和直径8厘米的圆饼形硅胶模具中静置，待面团发酵膨胀至与模具齐平（约2小时），烤25分钟。脱模冷却备用。

朗姆酒浸泡液

在大锅中加热纯净水和细砂糖，溶化后加入陈年棕色朗姆酒。取出100克朗姆糖浆保存，以制作朗姆酒啫喱。将朗姆酒糖浆倒在上个步骤中的2份模具中，将烤好的巴巴面团翻面，充分浸泡（A）。

香草蛋奶酱

将鱼胶粉泡水膨胀。锅中加热淡奶油和全脂牛奶，加入从香草荚中刮下的香草籽，离火，盖上锅盖，浸渍5分钟。再加入蛋黄液，重新放回火上，煮至83摄氏度。过滤至吸水膨胀的鱼胶和巧克力中，打匀。将其倒入直径12厘米的浅凹面圆饼形硅胶模具中，冷冻3小时以上。剩余的香草蛋奶酱冷藏。

朗姆酒啫喱

将朗姆酒加入上一步骤保留的朗姆酒糖浆中，加热。在另一容器中加入细砂糖和琼脂混匀，倒入朗姆酒中拌匀。而后一并倒在方形模具中，冷藏至形成所需硬度的啫喱。

组装和装饰

将冷冻的香草蛋奶酱脱模，放在油纸上，移至裱花台中央。裱花袋中装入104号裱花嘴，用厨师机打发香草奶油，倒入裱花袋中，在香草蛋奶慕斯表面挤出陀飞轮（参照第184页），整体冷冻15分钟。用刷子将无味果胶淋面刷在圆环形的巴巴面团表面（B）。用刀削去圆饼形的小巴巴面团的弧面，使之平整，放在圆环中央。用抹刀将冷藏的香草蛋奶酱抹在圆环中央（C），将圆环中央填满。在陀飞轮的一半面积撒上香草粉（D），放在圆环中央。用朗姆酒啫喱丁做装饰。

在大锅中加热水和糖，溶化后加入朗姆酒。将朗姆酒糖浆倒在烤好的2份巴巴面团中，多次翻面，充分浸泡。

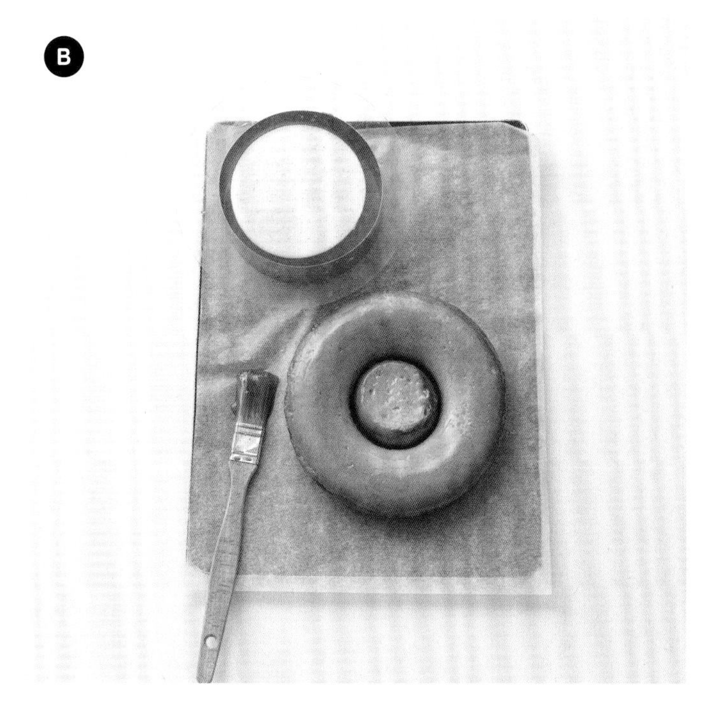

用刷子将无味果胶淋面刷在圆环形的巴巴面团表面。

用抹刀将冷藏的香草蛋奶酱抹在中央。

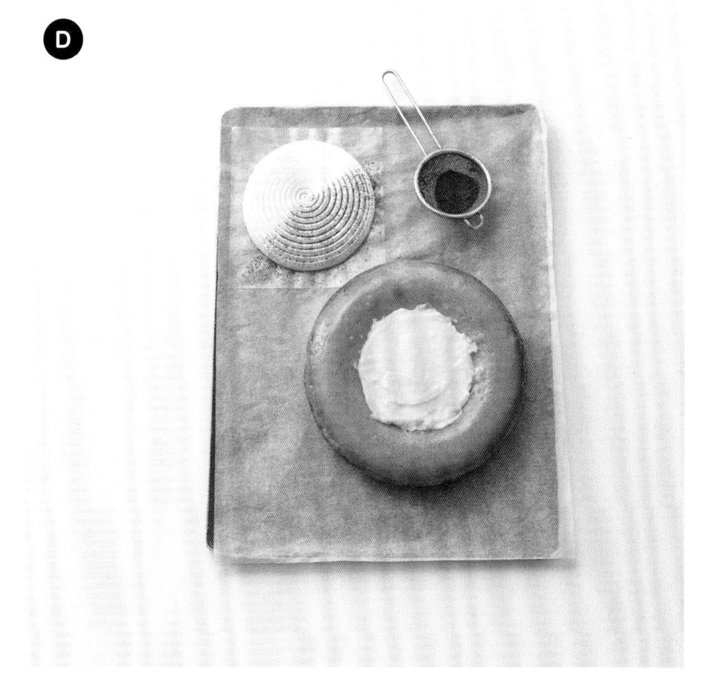

在陀飞轮的一半面积撒上香草粉，放在圆环中央。

原料

制作1个挞　准备时间：2小时　烘烤时间：1小时37分钟　冷藏时间：4小时　冷冻时间：30分钟

酥脆烤蛋白
蛋清30克
细砂糖30克
糖粉30克

打发香草奶油
鱼胶粉2克
纯净水14克
牛奶20克
香草荚半根
细砂糖20克
马斯卡彭奶酪35克
淡奶油160克

柠檬甜脆挞皮面团
黄油90克
中筋面粉（T55）140克
细砂糖27克
有机黄柠檬皮屑半个
精盐0.5克
杏仁糖粉50克
全蛋液25克

杏仁蛋奶酱
软化黄油30克
糖粉35克
杏仁粉35克
全蛋液30克
土豆淀粉5克

栗子蛋糕
生杏仁膏58克
土豆淀粉5克
安贝奥本纳斯栗子膏33克
蛋清10克
细砂糖4克
黄油6克

栗子奶酱
安贝奥本纳斯栗子膏250克
安贝奥本纳斯栗子酱275克
陈年朗姆酒12克
淡奶油85克

装饰
装饰用糖粉少量
冷冻栗子碎少量
金箔

工具
裱花袋
直径10毫米的圆形裱花嘴1个
直径19厘米的挞圈模具1套（Silikomart®挞圈，含直径19厘米的挞圈1个、直径16厘米的弧面模具1个）
直径16厘米的挞圈1个
第106号裱花嘴
电动裱花台

步骤

酥脆烤蛋白
烤箱预热至100摄氏度。用厨师机打发蛋清，加入细砂糖，打发至硬性发泡，蛋白呈反光状态。加入过筛的糖粉，用刮刀轻轻拌匀。在裱花袋中放入直径10毫米的圆形裱花嘴，倒入蛋白，挤出小圆球，烤1小时。取出后密封保存。

打发香草奶油
将鱼胶粉泡水膨胀。锅中加入牛奶和从香草荚中刮下的香草籽加热。离火，盖上锅盖，浸渍5分钟。加细砂糖拌匀，冷却。加入吸水膨胀的鱼胶，重新放在火上加热，煮至轻微发泡，过滤至马斯卡彭奶酪上。倒入冷藏的淡奶油，装在盆中，冷藏4小时以上。

柠檬甜脆挞皮面团
参照第176页的方法做成柠檬甜脆挞皮面团。将面团擀至3毫米的厚度，铺在直径19厘米的挞圈底部，冷藏保存。

杏仁蛋奶酱
烤箱预热至165摄氏度。厨师机装上搅拌配件，在料理缸中加入软化黄油和糖粉拌匀，再加入杏仁粉和全蛋液拌匀，再加入土豆淀粉。将其铺在挞皮底部。在带孔的烤盘上铺硅胶垫，放上挞皮，一并烤25分钟，冷却备用。

栗子蛋糕
烤箱预热至170摄氏度。厨师机装上刀片，在料理缸中加入生杏仁膏、安贝奥本纳斯栗子膏和蛋黄打匀，再加入土豆淀粉继续打匀。打发蛋清，加入细砂糖，打发至硬性发泡，蛋白呈反光状态。将蛋白糊拌入上述杏仁栗子糊中。待黄油稍微融化，拌入上述栗子蛋白糊中。挤在直径16厘米的挞圈底部，烤12分钟。冷却后，倒入一层栗子奶酱，整体放在挞皮中央。

栗子奶酱
将安贝奥本纳斯栗子膏、安贝奥本纳斯栗子酱和陈年朗姆酒拌匀。加入淡奶油拌匀，避免挤压。将其铺在挞底的杏仁蛋奶酱上，铺满刮平，在表面贴上保鲜膜，室温保存。

组装和装饰
用厨师机打发香草奶油，直至质地呈绵滑状，用刮刀铺在栗子蛋糕表面的奶酱上，堆砌为拱起的圆顶形，冷冻30分钟。取出后，整体放在裱花台上，裱花袋装入第106号裱花嘴，装入剩下的栗子奶酱，在圆顶表面挤出陀飞轮，以便覆盖住香草奶油（参照第184页）。在陀飞轮表面撒上糖粉，在周围粘上烤蛋白，在表面用冷冻栗子碎和金箔装饰。

蒙布朗

歌剧院变奏

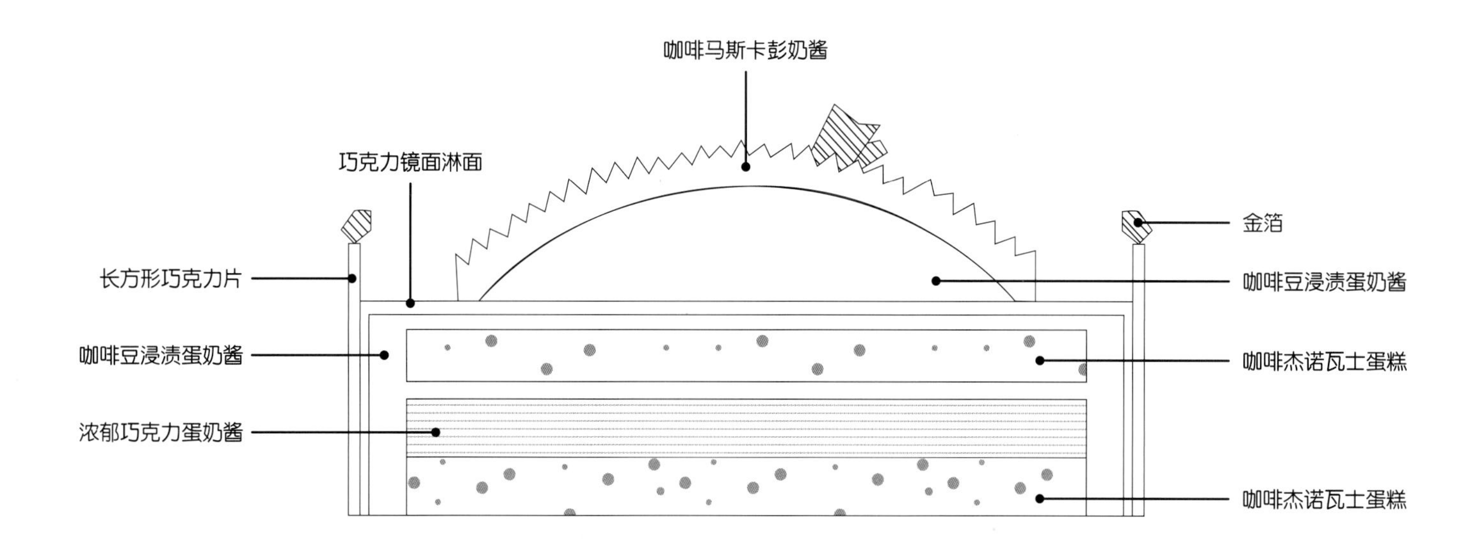

原料

制作1个慕斯　准备时间：2小时　烘烤时间：35分钟　冷藏时间：12小时+12小时　冷冻时间：6小时

巧克力镜面淋面（提前1天制作）

鱼胶粉9克
纯净水63克
淡奶油100克
葡萄糖浆60克
可可粉40克
纯净水56克
细砂糖140克

咖啡马斯卡彭奶酱（提前1天制作）

鱼胶粉1克
纯净水7克
牛奶17克
咖啡精3克
细砂糖18克
马斯卡彭奶酪35克
淡奶油150克

咖啡杰诺瓦士蛋糕

生杏仁膏54克
细砂糖67克
全蛋液160克
咖啡精10克
中筋面粉（T55）94克
黄油38克

咖啡浸泡液

纯净水75克
细砂糖75克
浓缩咖啡150克

浓郁巧克力蛋奶酱

鱼胶粉1克
纯净水7克
蛋黄18克
细砂糖7克
淡奶油125克
法芙娜伊兰卡秘鲁63%调温黑巧克力60克

咖啡豆浸渍蛋奶酱

鱼胶粉4克
纯净水28克
淡奶油140克
埃塞俄比亚咖啡豆17克
蛋黄31克
细砂糖17克
淡奶油280克

装饰

5厘米×3厘米的长方形巧克力片26片
金箔

工具

直径14厘米、高5厘米慕斯圈1个
直径16厘米的圆形硅胶模具1个
直径12厘米的凸面镜状硅胶模具1个（PCB Création®）
裱花袋
104号裱花嘴1个
电动裱花台1个

步骤

巧克力镜面淋面（提前1天制作）

将鱼胶粉泡水膨胀。锅中加热淡奶油、葡萄糖浆和可可粉，避免煮沸，冷却备用。另起一锅加热水和细砂糖至110摄氏度，倒入可可奶油中拌匀，一并倒入吸水膨胀的鱼胶中拌匀，冷藏12小时。

咖啡马斯卡彭奶酱（提前1天制作）

将鱼胶粉泡水膨胀。锅中加热牛奶和咖啡精，浸渍5分钟后，加入细砂糖溶化，冷却。倒入马斯卡彭奶酪中，用手持料理棒打匀。再加入冷藏的淡奶油，再次打匀，冷藏12小时。

咖啡杰诺瓦士蛋糕

烤箱预热至175摄氏度。厨师机装上打蛋配件，在料理缸中放入生杏仁膏和细砂糖打软，逐步加入全蛋液，持续打发至呈轻盈滑腻质地。加入咖啡精。用刮刀轻轻拌入过筛的中筋面粉，取出一部分面糊加入融化黄油拌匀后，倒回剩下的面糊中整体拌匀（A），倒在慕斯圈中，烤35分钟。用刀锋插入蛋糕体，检查是否熟透。若插入蛋糕后，刀锋仍干燥，则蛋糕已全熟。取出冷却，用锯齿刀将表面削平，切出3厘米厚的蛋糕圆片，再一分为二，制成2片1.5厘米厚度的蛋糕圆片。

咖啡浸泡液

锅中加热细砂糖和纯净水溶化，加入浓缩咖啡融化。在2片杰诺瓦士蛋糕圆片上倒入咖啡液充分湿润，将其中1片放在慕斯圈底部，另一蛋糕圆片备用。

浓郁巧克力蛋奶酱

将鱼胶粉泡水膨胀。蛋黄加细砂糖轻微打发至发白，备用。锅中加热淡奶油和蛋黄液至85摄氏度，倒入吸水膨胀的鱼胶和巧克力中，用手持料理棒打匀。将3/4分量倒在慕斯圈表面的咖啡液蛋糕上（B），冷冻2小时，剩余的蛋奶酱冷藏备用。

咖啡豆浸渍蛋奶酱

将鱼胶粉泡水膨胀。锅中加热140克淡奶油和咖啡豆，用手持料理棒打匀，离火，盖上锅盖，浸渍5分钟，过滤一次，再次放回火上。蛋黄加细砂糖轻微打发至发白，倒在淡奶油中，一并加热至83摄氏度，加入吸水膨胀的鱼胶中拌匀，用手持料理棒打匀，冷却至28摄氏度。用厨师机打发280克奶油，拌入上述咖啡豆浸渍蛋奶酱中。

组装和装饰

将咖啡豆浸渍蛋奶酱倒在圆形硅胶模具中，将第2片咖啡浸渍杰诺瓦士蛋糕片放于其上（C），铺上咖啡豆浸渍蛋奶酱。将巧克力蛋奶酱脱模，放于其上，高度与圆形硅胶模具齐平（D）。将剩下的咖啡豆浸渍蛋奶酱倒入直径12厘米的凸面镜状硅胶模具中，2个模具皆冷冻4小时。将蛋糕体脱模，放在烤架上，底部放烤盘。将巧克力镜面淋面加热至28摄氏度，浇在蛋糕体上（E）。在裱花台上铺油纸，将凸面镜状的咖啡豆浸渍蛋奶酱脱模，放在油纸中央。裱花袋中放入104号裱花嘴，用厨师机打发咖啡马斯卡彭奶酱，将其倒入裱花袋中，在凹面镜表面挤出陀飞轮，取出油纸，将陀飞轮放在冷冻的蛋糕体上（F）。将剩下的巧克力蛋奶酱挤在巧克力方片上，另取一片长方形巧克力片黏合，放在蛋糕体周围，并用金箔装饰。

A

加入咖啡精。用刮刀轻轻拌入过筛的面粉，取出一部分面糊加入融化黄油拌匀后，倒回剩下的面糊中整体拌匀。

B

将3/4分量倒在慕斯圈表面的咖啡液蛋糕上。

C

将咖啡豆浸渍蛋奶酱倒在圆形硅胶模具中，将第2片咖啡浸渍杰诺瓦士蛋糕片放于其上，铺上咖啡豆浸渍蛋奶酱。

D

将巧克力蛋奶酱脱模，放在咖啡豆浸渍蛋奶酱上，高度与圆形硅胶模具齐平。

E

将巧克力淋面加热至28摄氏度，浇在蛋糕体上。

F

在凹面镜表面挤出咖啡马斯卡彭奶酱陀飞轮，取出油纸，将陀飞轮放在冷冻的蛋糕体上。

圣多诺黑

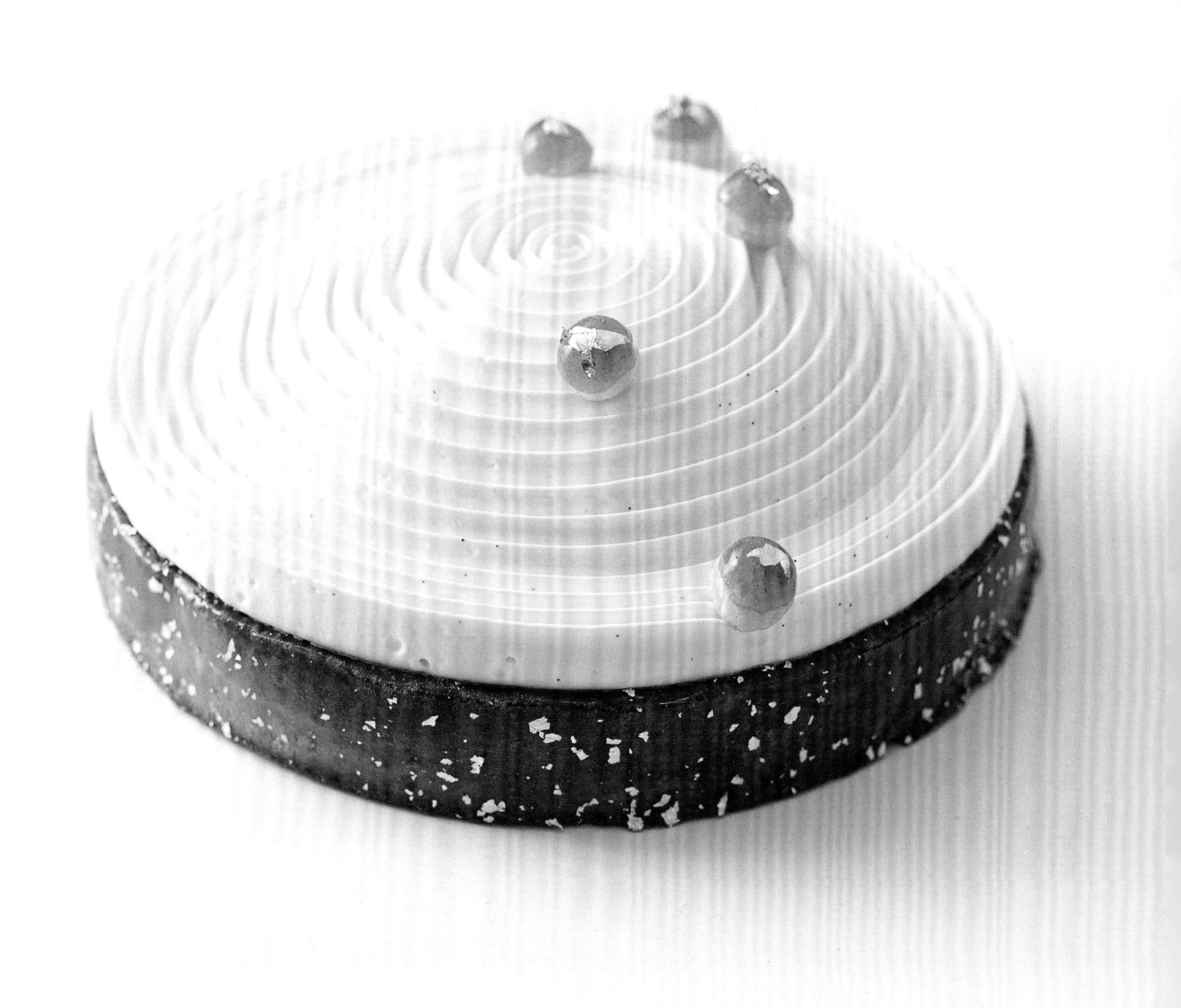

原料

制作1个蛋糕　准备时间：1小时　烘烤时间：42分钟　冷藏时间：12小时+30分钟　冷冻时间：3小时

打发香草奶油（提前1天制作）

鱼胶粉2克
纯净水14克
牛奶20克
香草荚半根
细砂糖20克
马斯卡彭奶酪35克
淡奶油160克

香草蛋奶酱

鱼胶粉1.5克
纯净水10.5克
全脂牛奶75克
淡奶油75克
马达加斯加香草荚半根
蛋黄20克
法芙娜欧帕丽斯调温白巧克力（33%）93克

泡芙面团

牛奶100克
黄油44克
精盐1克
中筋面粉（T55）53克
蛋黄100克

卡仕达奶酱

全脂牛奶100克
香草荚半根
蛋黄20克
细砂糖20克
卡仕达粉10克
黄油10克

脆焦糖

细砂糖500克
葡萄糖浆125克
纯净水125克

装饰

少许金箔

工具

直径18厘米的凸面镜状硅胶模具1套（PCB Création® Miroir，含下部的圆饼形模具和上部的凸面镜模具）
直径16厘米的带孔挞圈1个
裱花袋
直径14毫米的圆形裱花嘴1个
直径8毫米的圆形裱花嘴1个
40厘米×30厘米带孔烤盘1个
泡芙裱花嘴1个
104号裱花嘴1个
裱花台1个

步骤

打发香草奶油（提前1天制作）

将鱼胶粉泡水膨胀。锅中加入牛奶和从香草荚中刮下的香草籽加热。离火，盖上锅盖，浸渍5分钟。加细砂糖，重新放在火上加热，加入吸水膨胀的鱼胶，煮至轻微发泡，过滤至马斯卡彭奶酪上。倒入冷藏的淡奶油，装在盆中，冷藏12小时。

香草蛋奶酱

将鱼胶粉泡水膨胀。锅中加热淡奶油和全脂牛奶，加入从香草荚中刮下的香草籽，离火，盖上锅盖，浸渍5分钟。再加入蛋黄液，重新放回火上，煮至83摄氏度。过滤至吸水膨胀的鱼胶和巧克力中，打匀。倒入上部的凸面镜模具中，冷冻3小时以上。

泡芙面团

烤箱预热至165摄氏度。锅中加热牛奶、黄油和精盐，煮至轻微冒泡，一次性加入过筛的中筋面粉，迅速拌匀，以便让面团尽快干燥。离火，逐步加入蛋液，以便让面团逐步湿润。裱花袋中放入直径14毫米的圆形裱花嘴，放入面团。在带孔烤盘铺上硅胶垫，挞圈内侧抹上一层薄油，在挞圈底部挤出面团，在挞圈顶部覆盖一层硅胶垫，再盖上另一个带孔烤盘，烤30分钟。另取裱花袋，放入直径8毫米的圆形裱花嘴，放入剩余的面团，挤为直径0.5厘米的小泡芙，烤12分钟。

卡仕达奶酱

在锅中加热全脂牛奶和从香草荚中刮下的香草籽。同时将蛋黄和细砂糖轻微打发，加入卡仕达粉拌匀，一并倒入热牛奶中，加热至沸腾。将从香草荚中刮下的香草籽捞出，加入黄油，用手持料理棒打匀，冷藏30分钟。

脆焦糖

将所有原料混合加热，至糖浆呈金黄色（约180摄氏度），离火，在常温下静置等待焦糖硬化。

组装和装饰

将卡仕达奶酱取出搅拌柔软，在裱花袋内放入泡芙裱花嘴，将卡仕达奶酱放入裱花袋中，再挤入圆形大泡芙中。用两支叉子将已灌内馅的大泡芙夹起，泡在热焦糖汁中翻面，使泡芙全面裹上焦糖，放在硅胶垫上。用牙签将小泡芙顶部蘸上焦糖汁，静置备用。将凸面镜形的香草蛋奶酱脱模，放在大泡芙中央的焦糖上，整体放在裱花台中央。裱花袋放入104号裱花嘴，用厨师机打发香草奶油，将香草奶油倒入裱花袋中，在凹面镜表面挤出陀飞轮（参照第184页）。在陀飞轮表面放上小泡芙和金箔做装饰。

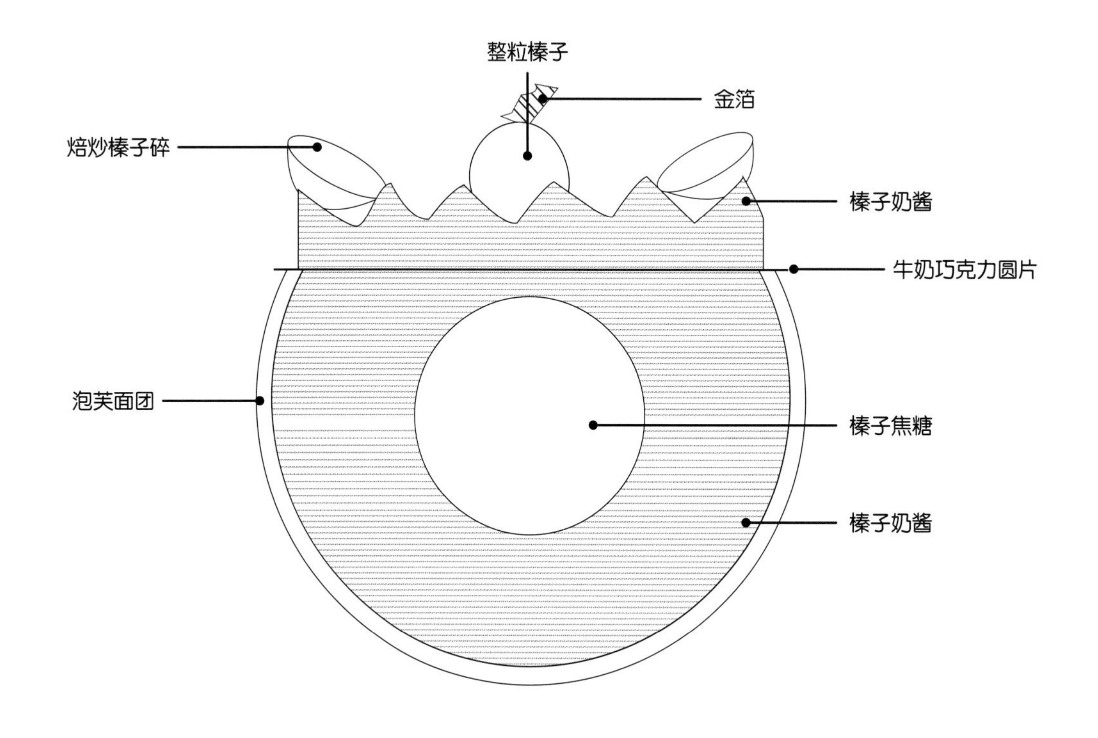

原料

制作1个蛋糕　准备时间：1小时　烘烤时间：32分钟　冷藏时间：12小时+2小时45分钟

牛奶巧克力淋面（提前1天准备）

鱼胶粉1克
纯净水7克
纯净水9克
细砂糖19克
葡萄糖12.5克
无糖全脂炼乳19克
法芙娜白希比调温牛奶巧克力22.5克

榛子焦糖酱

淡奶油180克
香草荚半根
葡萄糖浆20克
细砂糖85克
冷藏黄油35克
榛子膏40克

红糖黄油酥皮

软化黄油50克
粗红糖30克
细砂糖25克
面粉60克

泡芙面团

牛奶125克
黄油55克
精盐2克
中筋面粉（T55）67克
蛋黄125克

卡仕达奶酱

全脂牛奶100克
香草荚半根
蛋黄20克
细砂糖20克
卡仕达粉10克
黄油10克

榛子奶酱

卡仕达奶酱360克
杏仁榛子糖衣果仁150克
榛子膏90克
软化黄油180克

装饰

直径6厘米的牛奶巧克力圆片8片（参照第186页）
焙炒榛子碎少量
金箔
整粒榛子

工具

裱花袋
直径14毫米的圆形裱花嘴1个
直径4厘米的圆形切模1个
104号裱花嘴1个
泡芙裱花嘴1个
电动裱花台1个

巴黎布雷斯特

步骤

牛奶巧克力淋面（提前1天准备）

将鱼胶粉溶于7克的纯净水中。锅中加入9克纯净水、细砂糖和葡萄糖煮至108摄氏度，离火，加入无糖全脂炼乳，重新放回火上，煮至沸腾。一并倒在牛奶巧克力和吸水膨胀的鱼胶中，用手持料理棒打匀，冷藏12小时。

榛子焦糖酱

锅中加热淡奶油和从香草荚中刮下的香草籽。另起一锅加热细砂糖和葡萄糖浆至焦糖色，掺入制成的热香草奶油，煮至104摄氏度，加入冷藏黄油，用手持料理棒打匀，冷却至30摄氏度。加入榛子膏，再次打匀，冷藏1小时。

红糖黄油酥皮

在软化黄油中加入粗红糖和细砂糖拌匀。加入面粉拌匀，在油纸上薄薄地铺一层面糊，再盖上一层油纸，冷藏1小时。

泡芙面团

烤箱预热至165摄氏度。锅中加热牛奶、黄油和精盐，煮至轻微冒泡，一次性加入过筛的中筋面粉，迅速拌匀，以便让面糊尽快干燥。离火，逐步加入蛋液，以便让面团逐步湿润。裱花袋中放入直径14毫米的圆形裱花嘴，放入面团，挤出8个直径5厘米的泡芙。用直径4厘米的圆形切模切出圆形的红糖黄油酥皮片，放在泡芙面糊顶部。将剩余的泡芙面团挤为直径0.5厘米的小泡芙。大泡芙烤20分钟，小泡芙烤12分钟。

卡仕达奶酱

在锅中加热全脂牛奶和从香草荚中刮下的香草籽。同时将蛋黄和细砂糖轻微打发，加入卡仕达粉拌匀，一并倒入热牛奶中，加热至沸腾。将从香草荚中刮下的香草籽捞出，加入黄油，用手持料理棒打匀，冷藏30分钟。

榛子奶酱

将卡仕达奶酱、杏仁榛子糖衣果仁和榛子膏拌匀，加入软化黄油，用厨师机打发至滑腻质地。

组装和装饰

将裱花袋放入104号裱花嘴，放入榛子奶酱，将牛奶巧克力圆片放在裱花台中央，在表面挤出榛子奶酱陀飞轮（参照第184页）(A)，冷藏15分钟。同时在大泡芙底部戳洞，用泡芙裱花嘴挤入榛子奶酱。另取裱花袋，无须装入裱花嘴，往裱花袋内挤入榛子焦糖酱，挤在大泡芙的榛子奶酱中央(B)。将大泡芙的酥皮面朝下，用剩余的榛子奶酱填满封顶，表面放上榛子奶酱陀飞轮。将小泡芙泡在牛奶巧克力淋面中，放在陀飞轮表面(C)，并用整粒榛子、焙炒榛子碎和金箔做装饰(D)。

在裱花袋内放入104号裱花嘴，放入榛子奶酱，将牛奶巧克力圆片放在裱花台中央，在表面挤出榛子奶酱陀飞轮。

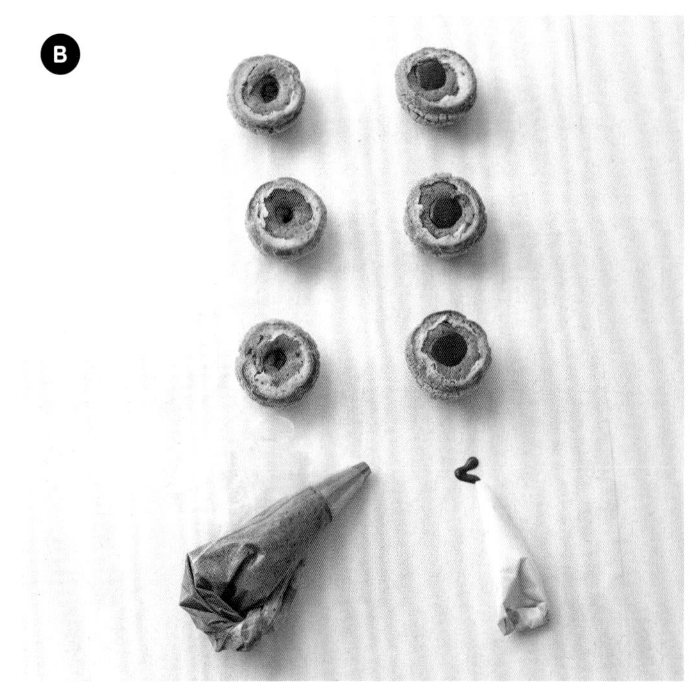

在大泡芙底部戳洞，用泡芙裱花嘴挤入榛子奶酱。另取裱花袋，无须装入裱花嘴，挤入榛子焦糖酱，挤在大泡芙的榛子奶酱中央。

将小泡芙泡在牛奶巧克力淋面中，放在陀飞轮表面。

用小泡芙、整粒榛子、焙炒榛子碎和金箔做装饰。

炙烧阿拉斯加

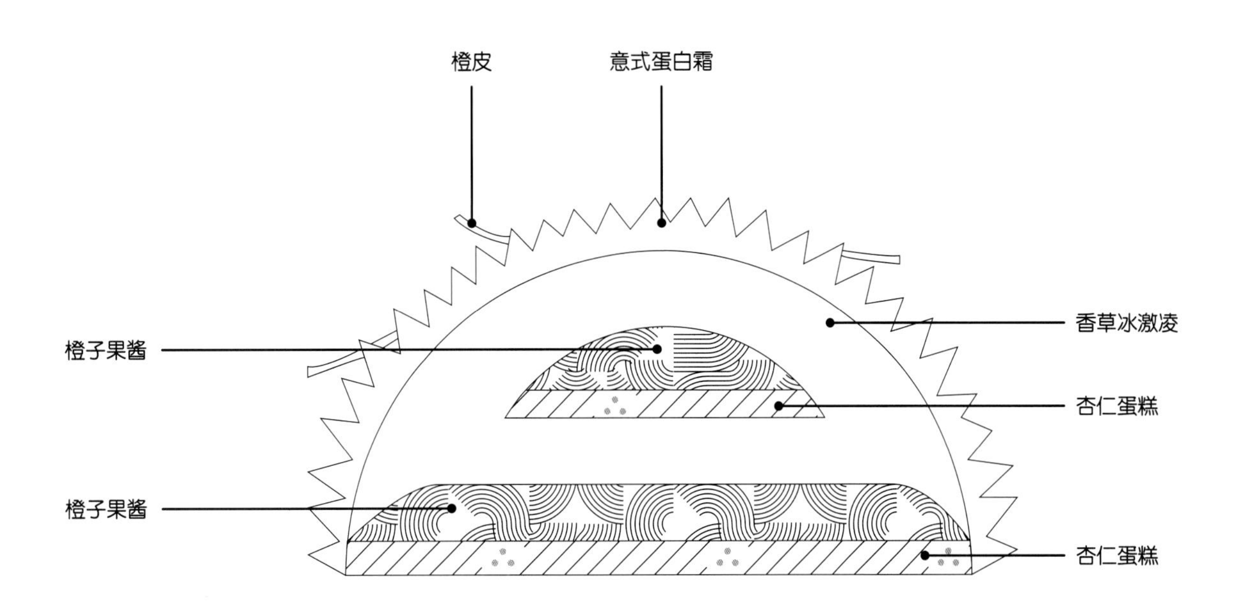

原料

制作1个蛋糕　准备时间：1小时10分钟　烘烤时间：10～12分钟　冷藏时间：12小时　冷冻时间：12小时

香草冰激凌（提前2天制作）

全脂牛奶500克
淡奶油75克
奶粉35克
蛋黄110克
细砂糖100克
冰激凌稳定剂3克
脱水葡萄糖30克
香草荚2根

杏仁蛋糕（提前1天制作）

糖粉62克
杏仁粉62克
中筋面粉（T55）18克
全蛋83克
蛋清56克
细砂糖8克
融化黄油15克

橙子果酱（提前1天制作）

新鲜橙子100克
纯净水500克
橙汁50克
精盐3克
细砂糖15克
细砂糖50克

意式蛋白霜

蛋清75克
细砂糖150克
纯净水40克

装饰

橙皮

工具

40厘米×30厘米烤盘1个
直径7厘米的圆形切模1个
直径12厘米的圆形切模1个
直径14厘米的圆拱形硅胶模具1个
裱花袋
第106号裱花嘴
电动裱花台1个
喷枪1个

步骤

香草冰激凌（提前2天制作）

取一半细砂糖与冰激凌稳定剂混匀。锅中加热全脂牛奶、从香草荚中刮下的香草籽、奶粉、剩余的细砂糖和脱水葡萄糖，煮至40摄氏度，加入蛋黄液拌匀，继续煮至50摄氏度，加入细砂糖与稳定剂的混合物，煮至85摄氏度。冷却并冷藏12小时。

杏仁蛋糕（提前1天制作）

烤箱预热至170摄氏度。厨师机装上搅拌配件，料理缸中放入糖粉、杏仁粉和面粉拌匀，加入全蛋液，继续搅拌。用厨师机打发蛋清，加入细砂糖，打发至硬性发泡，蛋白呈反光状态。将蛋白拌入上述面糊中，再加入融化黄油拌匀。烤盘铺上硅胶垫，倒入蛋糕糊铺平，烤10～12分钟。出炉后，切出1片直径7厘米的蛋糕片和1片直径12厘米的蛋糕片。

橙子果酱（提前1天制作）

新鲜橙子切成小块，放入锅中加冷水煮至沸腾，关火。将橙子捞出沥干，用冷水冲洗。再次放入冷水中，加盐煮至沸腾，捞出沥干，用冷水冲洗。将橙子放回锅中，放入橙汁、冷水和15克细砂糖，煮至轻微冒泡，保持小火煮至橙皮软化，关火，捞出橙子，用冷水冲洗以停止加热。厨师机装上刀片，放入橙子和50克细砂糖打匀至细腻质地。将果酱铺在2片杏仁蛋糕上（A），冷藏备用。

意式蛋白霜

将细砂糖溶于水中。厨师机装上打蛋配件，开始打发蛋清。锅中加热糖水至121摄氏度，倒入蛋白中。让蛋白霜在料理缸中冷却，裱花袋装入第106号裱花嘴，倒入蛋白霜。

组装和装饰（提前1天及当日制作）

提前1天，将第一步中制成的香草奶油放入冰激凌机中，制为冰激凌，铺在圆拱形硅胶模具中（B）。将直径7厘米的橙子酱杏仁蛋糕片放在冰激凌上（C），再次铺上冰激凌，在表面放上直径12厘米的橙子酱杏仁蛋糕片封顶（D），冷冻12小时。当天，将圆拱形冰激凌蛋糕体脱模，放在裱花台上。在圆拱整个表面挤出蛋白霜陀飞轮（参照第184页）。用喷枪炙烧蛋白霜（E），用橙皮装饰（F）。

将橙子果酱铺在2片杏仁蛋糕上。

将冰激凌铺在圆拱形硅胶模具中。

将直径7厘米的橙子酱杏仁蛋糕片放在冰激凌上。

再次铺上冰激凌，在表面放上直径12厘米的橙子酱杏仁蛋糕片封顶。

将圆拱形冰激凌蛋糕体脱模，放在裱花台上。在圆拱整个表面挤出蛋白霜陀飞轮。用喷枪炙烧蛋白霜。

用橙皮装饰。

原料

制作12支雪糕　准备时间：2小时　烘烤时间：24分钟　冷藏时间：24小时+2小时　冷冻时间：12小时

榛子奶油冰激凌（提前2天制作）

全脂牛奶518克
全脂淡奶油126克
糖衣榛子138克
脱脂奶粉21克
细砂糖52克
转化糖36克
蛋黄12克
冰激凌稳定剂2.5克

榛子蛋糕（提前1天制作）

焙炒榛子110克
糖粉140克
杏仁粉85克
土豆淀粉25克
蛋黄20克
蜂蜜25克
蛋清100克
细砂糖70克
蛋清100克
焦化黄油135克

榛子焦糖酱（提前1天制作）

淡奶油180克
香草荚半根
葡萄糖20克
细砂糖85克
榛子膏40克
冷藏黄油35克

松脆油酥沙布雷

软化黄油100克
糖粉55克
盐之花1克
中筋面粉（T55）125克
可可脂少量

牛奶巧克力坚果脆皮

法芙娜吉瓦那调温牛奶巧克力（40%）500克
可可脂50克
葡萄籽油30克
糖衣杏仁碎150克
糖衣榛子碎150克

榛子打发奶油

鱼胶粉3克
纯净水15克
淡奶油65克
蜂蜜10克
糖衣杏仁及糖衣榛子50克
榛了膏40克
搅打奶油250克

装饰

焙炒榛子碎少量

工具

40厘米×30厘米烤盘1个
直径6厘米的圆形切模1个
直径8厘米的圆形切模1个
直径8厘米的挞圈12个
裱花袋
直径8毫米的圆形裱花嘴1个
104号裱花嘴1个
雪糕木棒12根
电动裱花台1个

榛子雪糕

步骤

榛子奶油冰激凌（提前2天制作）

取一半细砂糖与冰激凌稳定剂混匀。锅中加热全脂牛奶和脱脂奶粉至30摄氏度，加入剩下的细砂糖，继续加热至40摄氏度，加入全脂淡奶油和蛋黄煮至45摄氏度，加入冰激凌稳定剂，一并加热至85摄氏度。冷却后，冷藏24小时至冰激凌硬化成熟。

榛子蛋糕（提前1天制作）

烤箱预热至165摄氏度。厨师机装上刀片，料理缸中放入焙炒榛子和糖粉，轻微打碎，加入杏仁粉和土豆淀粉，转移至另一料理缸中。厨师机装上搅拌配件，加入蛋黄、蜂蜜和第一份蛋清拌匀。用厨师机打发第二份蛋清，加入细砂糖，打发至硬性发泡，蛋白呈反光状态，倒入上述榛子面糊中，用刮刀轻轻拌匀。取少量面糊加入焦化黄油拌匀，并倒回剩余面糊中拌匀。烤盘铺上硅胶垫，倒入面糊，烤12分钟。出炉后，切出12片直径6厘米的蛋糕片，冷却备用。

榛子焦糖酱（提前1天制作）

锅中加热淡奶油和从香草荚中刮下的香草籽。另起一锅，干炒细砂糖和葡萄糖至变为焦糖色，离火，掺入上述热奶油，煮至104摄氏度，加入冷藏黄油。用手持料理棒打匀，冷却至30摄氏度。加入榛子膏，再次打匀。裱花袋放入直径8毫米的圆形裱花嘴，倒入榛子焦糖酱，挤在榛子蛋糕圆片上，一并放在直径8厘米的挞圈中央（A）。将榛子奶油放入冰激凌机，制成软质冰激凌，铺在挞圈中，刮平（B），一并冷冻12小时。

松脆油酥沙布雷

在软化黄油中加入糖粉和盐之花拌匀，加入过筛中筋面粉轻轻拌匀，冷藏2小时。烤箱预热至160摄氏度，将面团取出擀至2.5毫米厚，切成直径8厘米的圆形面皮，烤盘上铺硅胶垫，转移至烤盘上，烤12分钟。用刷子将融化的可可脂刷在沙布雷饼皮上。

牛奶巧克力坚果脆皮

用水浴法将巧克力和可可脂加热融化。温度达35摄氏度时，加入葡萄籽油和糖衣坚果碎，静置备用。

榛子打发奶油

将鱼胶粉溶于纯净水中。用厨师机打发搅打淡奶油。锅中加热淡奶油和蜂蜜，倒在吸水膨胀的鱼胶、糖衣杏仁、糖衣榛子和榛子膏中。冷却至25摄氏度时，加入打发的搅打奶油。裱花袋中放入104号裱花嘴，倒入榛子打发奶油，冷藏备用。

组装和装饰

将冰激凌榛子焦糖蛋糕片脱模，将其中一面蘸上牛奶巧克力坚果脆皮酱，放在烤架上（C）。待凝固后，将冰激凌片放在裱花台中央，用榛子打发奶油在其表面挤出陀飞轮（参照第184页）。在沙布雷饼底上抹一点榛子打发奶油，以粘住雪糕木棒，再将冰激凌陀飞轮放于木棒上（D）。在陀飞轮表面摆放焙炒榛子碎做装饰，冷冻保存至品尝。

A

将榛子焦糖酱挤在榛子蛋糕圆片上，一并放在直径8厘米的挞圈中央。

B

将榛子奶油放入冰激凌机，制成软质冰激凌，铺在挞圈中，刮平。

C

将冰激凌榛子焦糖蛋糕片脱模，将其中一面蘸上牛奶巧克力坚果脆皮酱，放在烤架上。

D

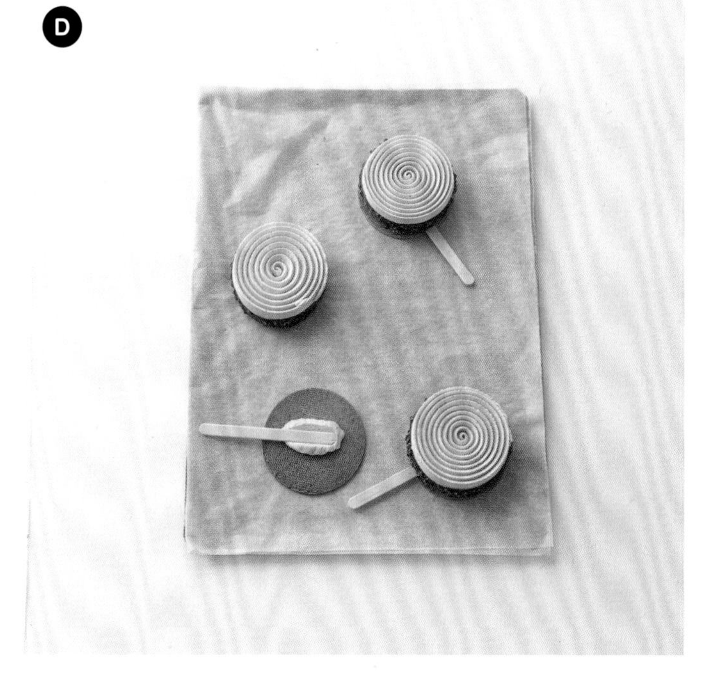

待凝固后，将冰激凌片放在裱花台中央，用榛子打发奶油在其表面挤出陀飞轮。在沙布雷饼底上抹一点榛子打发奶油，以粘住雪糕木棒，再将冰激凌陀飞轮放于木棒上。

牛轧糖冰激凌

原料

制作1个冰激凌　准备时间：1小时　烘烤时间：10～12分钟　冷冻时间：3小时

杏仁蛋糕

糖粉62克
杏仁粉62克
中筋面粉（T55）18克
全蛋83克
蛋清56克
细砂糖8克
融化黄油15克

香草柑曼怡利口酒浸泡液

纯净水50克
细砂糖65克
香草荚半根
柑曼怡利口酒50克

牛轧奶油冰激凌

糖渍橙皮88克
柑曼怡利口酒10克
焙炒杏仁40克
开心果碎34克
焙炒榛子25克
淡奶油255克
香草荚半根
细砂糖18克
纯净水13克
蛋黄20克

蜂蜜蛋白

蜂蜜34克
新鲜蛋清50克
细砂糖18克
焙炒坚果少量
橙皮片

意式蛋白霜

纯净水50克
细砂糖160克
蛋清80克

工具

40厘米×30厘米烤盘1个
直径12厘米的圆形切模1个
直径14厘米、高6厘米的挞圈1个
与挞圈高度相同的围边1片（Rhodoïd®）
裱花袋
第106号裱花嘴1个
裱花台1个
喷枪1个

步骤

杏仁蛋糕

烤箱预热至170摄氏度。厨师机装上搅拌配件，料理缸中放入糖粉、杏仁粉和中筋面粉拌匀，加入全蛋液，继续搅拌。用厨师机打发蛋清，加入细砂糖，打发至硬性发泡，蛋白呈反光状态。将蛋白拌入上述面糊中，再加入融化黄油拌匀。烤盘铺上硅胶垫，倒入蛋糕糊铺平，烤10～12分钟。出炉后，切出1片宽5厘米的长条蛋糕片和1片直径12厘米蛋糕片。

香草柑曼怡利口酒浸泡液

将锅中所有原料拌匀并加热。

牛轧奶油冰激凌

将糖渍橙皮切成小粒，拌入柑曼怡利口酒中，拌入所有坚果，冷藏备用。用厨师机打发淡奶油，冷藏备用。锅中加入纯净水和细砂糖，待细砂糖溶化后，倒入蛋黄液中，用厨师机打发蛋黄液至轻盈质地，拌入打发淡奶油中，冷藏备用。

蜂蜜蛋白

锅中加热蜂蜜至120摄氏度。用厨师机打发蛋清，逐步加细砂糖，将热蜂蜜倒入蛋白糊中。待蛋白冷却后，拌入上个步骤中的牛轧奶油中，加入坚果和糖渍橙皮轻轻拌匀。

意式蛋白霜

将细砂糖溶于纯净水中。厨师机装上打蛋配件，开始打发蛋清。锅中加热糖浆至121摄氏度，将糖浆倒入蛋白中。让蛋白霜在料理缸中冷却。裱花袋中装入第106号裱花嘴，倒入蛋白霜。

组装和装饰

在直径14厘米的挞圈内壁包裹一层围边（Rhodoïd®），将长条杏仁蛋糕片围在围边内侧。将圆形杏仁蛋糕片放在挞圈底部，用刷子将香草柑曼怡利口酒浸泡液刷在圆形蛋糕片上进行浸渍。在底部挤上牛轧奶油和蜂蜜蛋白的混合物，与蛋糕片高度齐平，整体冷冻3小时。取出后脱模，将其放在裱花台中央，将意式蛋白霜挤于表面（参照第184页），用喷枪炙烧蛋白霜。在烤蛋白霜表面放上焙炒坚果和橙皮片做装饰，冷冻保存至品尝。

原料

制作1个蛋糕　准备时间：50分钟　烘烤时间：32分钟　冷藏时间：12小时+1小时　冷冻时间：30分钟

榛子太妃焦糖（提前1天制作）

淡奶油120克
香草荚半根
葡萄糖浆80克
细砂糖100克
无糖炼乳60克
冷藏黄油140克
榛子膏27克

坚果夹心牛奶巧克力（吉安杜佳）

榛子膏50克
糖粉50克
法芙娜®白希比调温牛奶巧克力30克
可可脂10克

牛奶巧克力坚果脆皮酱

法芙娜®白希比调温牛奶巧克力（46%）500克
葡萄籽油30克
焙炒杏仁碎150克

碧根果托卡多雷蛋糕

黄油90克
杏仁粉60克
糖粉75克
土豆淀粉12克
蛋黄12克
蛋清60克
蛋清60克
细砂糖40克
碧根果50克

装饰

叶形巧克力片
焙炒榛子
金箔
黑巧克力镜面果胶

工具

直径14厘米的双连陀飞轮模具1个（Silikomart®）
直径16厘米、高5厘米的圆形模具1个
40厘米×30厘米烤盘2个

步骤

榛子太妃焦糖（提前1天制作）

锅中加热淡奶油、无糖炼乳和从香草荚中刮下的香草籽，离火，盖上锅盖，浸渍5分钟。另起一锅，加热细砂糖和葡萄糖浆至焦糖色，掺入上述热香草奶油。过滤一次，放回火上加热至104摄氏度。加入冷藏黄油，用手持料理棒打匀，冷却至30摄氏度。加入榛子膏，再次打匀，冷藏12小时。

坚果夹心牛奶巧克力（吉安杜佳）

在水浴中加热融化巧克力和可可脂。用厨师机打碎榛子膏和糖粉，倒入融化巧克力和可可脂中，再次打匀至完全融化。将坚果夹心牛奶巧克力倒在陀飞轮模具的其中一个模具中，并充分震动，以排出气泡，冷藏1小时。

牛奶巧克力坚果脆皮酱

在水浴40摄氏度下加热融化巧克力和葡萄籽油，加入焙炒杏仁碎拌匀，在室温下保存备用。

碧根果托卡多雷蛋糕

加热黄油，制成焦化黄油。烤箱预热至160摄氏度。厨师机装上刀片，在料理缸中加入碧根果和糖粉，打碎后，加入杏仁粉、土豆淀粉、蛋黄和第一份蛋清打匀。用厨师机打发第二份蛋清，加入细砂糖，打发至硬性发泡，蛋白呈反光状态，将蛋清拌入上述碧根果面糊中。取一部分面糊，加入45摄氏度的焦化黄油拌匀，再倒回剩余面糊中拌匀。烤盘铺上硅胶垫，将面糊倒入圆形模具中，烤16分钟。旋转烤盘和模具，继续烤16分钟。出炉后，取出烤盘，用刀锋插入蛋糕体，刀锋应干燥，则蛋糕已全熟。脱模，冷却备用。

组装和装饰

将榛子太妃焦糖在蛋糕表面铺上薄薄一层，刮平，冷冻30分钟。将牛奶巧克力坚果脆皮酱加热至40摄氏度，用叉子将蛋糕底部和侧面浸泡在牛奶巧克力坚果脆皮酱中，注意避免碰到其表面的焦糖层。将坚果夹心牛奶巧克力陀飞轮脱模，放在焦糖层表面。用叶形巧克力片、黑巧克力镜面果胶、焙炒榛子碎和金箔做装饰。

小妙招

剩余的牛奶巧克力坚果脆皮酱可以密封保存，再次利用，也可以铺在模具中，待凝固后形成巧克力片小点心享用。

焦糖碧根果

开心果草莓

原料

制作1个蛋糕　准备时间：40分钟　烘烤时间：32分钟　冷藏时间：30分钟　冷冻时间：2小时

草莓果酱

细砂糖30克
NH325果胶6克
草莓果肉225克
黄柠檬汁12克

开心果托卡多雷蛋糕

糖粉100克
杏仁粉60克
开心果粉50克
土豆淀粉15克
蛋清75克
开心果膏27克
蛋清70克
细砂糖40克
黄油85克

装饰

无色镜面果胶
开心果粉150克
无盐开心果少量

工具

直径14厘米的双连陀飞轮模具1个（Silikomart®）
直径16厘米、高5厘米的圆形模具1个
40厘米×30厘米烤盘2个

步骤

草莓果酱

将细砂糖和NH325果胶混匀。锅中加热草莓果肉和黄柠檬汁，加入糖粉、NH325果胶，煮至沸腾，取一部分倒在陀飞轮模具的其中一个模具中，充分震动，以排出气泡，还可以用牙签轻微搅动，以确认无气泡。将陀飞轮冷冻2小时，剩余的果酱冷藏30分钟。

开心果托卡多雷蛋糕

烤箱预热至160摄氏度。参照第179页方法制作托卡多雷蛋糕，无须加入香草，并将开心果膏拌入70克蛋清糊中。将面糊倒在圆形模具中，盖上硅胶垫，再盖上烤盘，烤16分钟。将烤盘和模具旋转，再烤16分钟。出炉后，取出烤盘，用刀锋插入蛋糕，刀锋应为干燥则烤熟。脱模，冷却备用。

组装和装饰

将蛋糕泡在无色镜面果胶中，使其裹满果胶，整体撒上开心果粉。将剩余的草莓果酱打匀，铺在蛋糕表面。将草莓果酱陀飞轮脱模，放在蛋糕表面。用切半的无盐开心果做装饰。此甜点应放在室温下回温，以品尝其浓郁绵滑的口感。

生姜巧克力（无麸质）

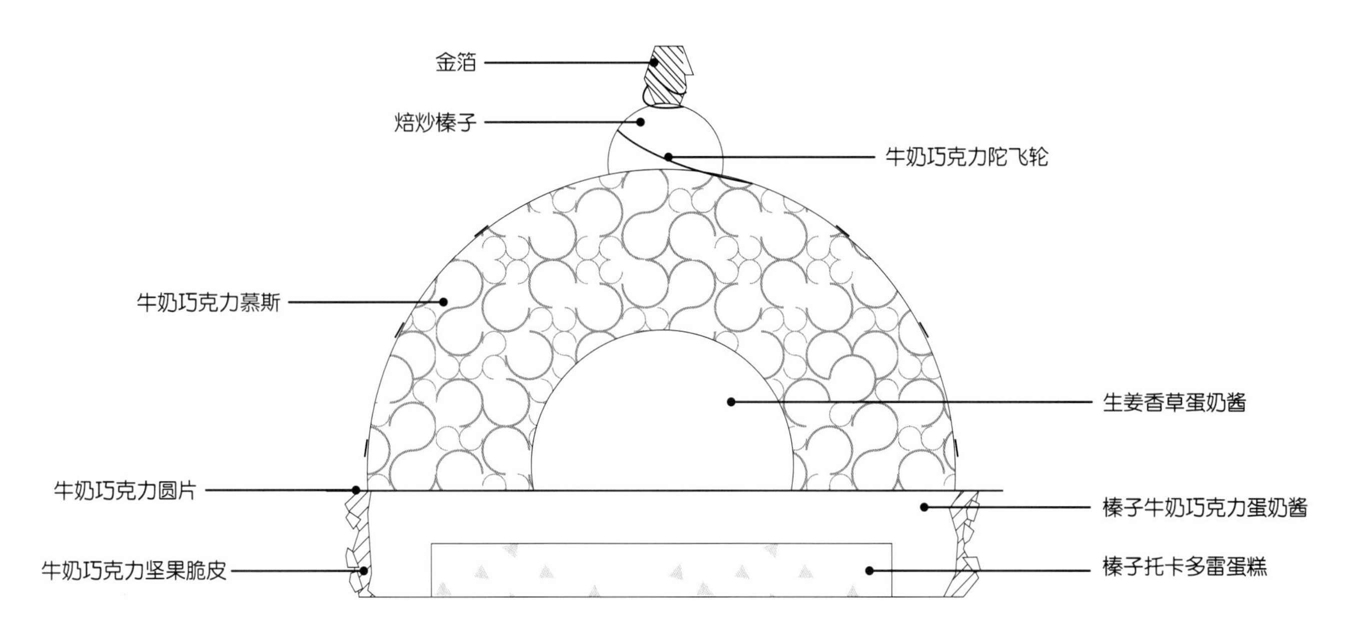

原料

制作12个小蛋糕　准备时间：1小时30分钟　烘烤时间：12分钟　冷藏时间：12小时　冷冻时间：9小时

牛奶巧克力淋面（提前1天准备）

鱼胶粉3.5克
纯净水24.5克
纯净水30克
细砂糖75克
葡萄糖50克
无糖全脂炼乳50克
法芙娜白希比调温牛奶巧克力（46%）90克

榛子托卡多雷蛋糕

黄油95克
蜂蜜12克
杏仁粉66克
榛子粉47克
糖粉76克
玉米淀粉15克
蛋清60克
蛋清60克
细砂糖40克

榛子牛奶巧克力蛋奶酱

鱼胶粉1克
纯净水7克
淡奶油110克
蛋黄15克
法芙娜塔那里瓦调温牛奶巧克力（33%）50克
法芙娜孟加里调温黑巧克力（64%）10克
榛子膏7克

生姜香草蛋奶酱

鱼胶粉1克
纯净水7克
淡奶油75克
新鲜生姜3克
马达加斯加香草荚半根
蛋黄14克
法芙娜欧帕丽斯调温白巧克力（33%）40克

牛奶巧克力慕斯

鱼胶粉2克
纯净水14克
蛋黄25克
细砂糖30克
牛奶125克
法芙娜吉瓦那调温牛奶巧克力（40%）90克
法芙娜瓜纳拉调温黑巧克力（70%）15克
淡奶油145克

牛奶巧克力坚果脆皮酱

法芙娜吉瓦那调温牛奶巧克力（40%）250克
可可脂25克
葡萄籽油15克
糖衣杏仁碎75克

装饰

直径7厘米的牛奶巧克力圆片12片（参照第186页）
牛奶巧克力陀飞轮12片（参照第185页）
焙炒榛子
金箔

工具

40厘米×30厘米烤盘1个
直径6厘米的圆形切模1个，直径7厘米圆形切模1个
直径4厘米的十五连半球形硅胶模具1个
直径6厘米的六连半球形规硅胶模具2个

步骤

牛奶巧克力淋面（提前1天准备）

将鱼胶粉泡于24.5克的纯净水中。锅中加入30克纯净水、细砂糖和葡萄糖煮至108摄氏度，离火，加入无糖全脂炼乳，重新放回火上，煮至沸腾。一并倒在牛奶巧克力和吸水膨胀的鱼胶中，用手持料理棒打匀，冷藏12小时。

榛子托卡多雷蛋糕

加热黄油，制作焦化黄油，过滤至蜂蜜中，冷却备用。烤箱预热至165摄氏度。参照第179页方法制作托卡多雷面糊，省去原配方中的香草，并用焦化黄油蜂蜜代替黄油。烤盘铺硅胶垫，铺在烤盘中，烤12分钟。出炉后，用直径6厘米的圆形切模切出12片圆形蛋糕片，放在直径7厘米的模具中。

榛子牛奶巧克力蛋奶酱

将鱼胶粉泡于水中。锅中加热淡奶油和蛋黄拌匀，煮至83摄氏度，倒在吸水膨胀的鱼胶、巧克力和榛子膏中。用手持料理棒打匀，冷却至40摄氏度，铺在直径7厘米的模具中，与蛋糕高度齐平，刮平。冷冻3小时。

生姜香草蛋奶酱

将鱼胶粉泡于水中。锅中加热淡奶油，擦入新鲜生姜和从香草荚中刮下的香草籽，加入蛋黄，煮至85摄氏度。一并过滤至吸水膨胀的鱼胶和白巧克力中，用手持料理棒打匀，冷却至40摄氏度，倒在直径4厘米的半球形模具的12个模具中（A）。冷冻2小时。

牛奶巧克力慕斯

将鱼胶粉泡于水中。蛋黄加细砂糖轻微打发至发白，锅中加热牛奶和蛋黄液至83摄氏度，倒在吸水膨胀的鱼胶和巧克力中，用手持料理棒打匀，冷却至29摄氏度。同时用厨师机打发淡奶油，拌入上述巧克力蛋奶酱中。一并倒在直径6厘米的半球形硅胶模具中，并将上个步骤中的直径4厘米的生姜香草蛋奶酱脱模，放入6厘米的模具中央（B），冷冻4小时。

牛奶巧克力坚果脆皮酱

用水浴法将巧克力和可可脂加热融化。温度达35摄氏度时，加入葡萄籽油和糖衣杏仁碎，静置备用（C）。

组装和装饰

烤盘放上油纸，将榛子牛奶巧克力蛋糕片脱模，泡在牛奶巧克力坚果脆皮酱中（D），放在烤盘上备用。将牛奶巧克力淋面加热至25摄氏度，将半球形夹心慕斯脱模，泡在淋面液中裹满，放在牛奶巧克力圆片上，并把整体移到脆皮蛋糕片上（E）。在表面摆上牛奶巧克力陀飞轮、焙炒榛子和金箔做装饰（F）。

A

将生姜香草蛋奶酱倒在直径4厘米的半球形模具的12个模具中。

B

将牛奶巧克力慕斯倒在直径6厘米的半球形硅胶模具中，并将上个步骤中的直径4厘米的生姜香草蛋奶酱脱模，放入6厘米的模具中央，制成夹心。

C

用水浴法将巧克力和可可脂加热融化。温度达35摄氏度时，加入葡萄籽油和杏仁碎。

D

将榛子牛奶巧克力蛋糕片脱模，泡在牛奶巧克力坚果脆皮酱中。

E

将半球形夹心慕斯脱模，泡在淋面液中裹满，放在牛奶巧克力圆片上，整体移到脆皮蛋糕片上。

F

在表面摆上牛奶巧克力陀飞轮、焙炒榛子和金箔做装饰。

原料

制作12个小蛋糕　准备时间：1小时40分钟　烘烤时间：29分钟　冷藏时间：12小时　冷冻时间：5小时30分钟

奶油白巧克力淋面（提前1天制作）

鱼胶粉4克
纯净水28克
土豆淀粉10克
搅打奶油187克
无糖炼乳62克
法芙娜欧帕丽斯调温白巧克力37克
细砂糖75克

沙布雷黄油酥饼底

软化黄油75克
香草荚1/4根
柠檬皮屑1/4个
橙子皮屑1/4个
盐之花1克
糖粉41克
中筋面粉（T55）93克
蛋黄6克

绿茶托卡多雷蛋糕

杏仁糖粉250克
淀粉17克
蛋清87克
蛋黄12克
抹茶粉8克
融化黄油100克
蛋清83克
细砂糖50克

芝麻杏仁脆片

淡奶油27克
黄油35克
葡萄糖38克
细砂糖77克
NH325果胶2克
白芝麻粒25克
杏仁碎55克
精盐1撮

覆盆子果酱

覆盆子果茸150克
细砂糖45克
NH325果胶3克

番石榴蛋奶酱

番石榴果肉240克
菠萝果肉74克
蛋黄22克
细砂糖37克
鱼胶粉5克
纯净水35克
搅打奶油185克

香草蛋奶酱

淡奶油75克
香草荚半根
蛋黄20克
细砂糖20克
鱼胶粉2.5克
纯净水17.5克
淡奶油300克

绿色喷砂酱

法芙娜欧帕丽斯调温白巧克力125克
可可脂30克
可可脂（调开心果绿色）12克
可可脂（调覆盆子红色）1克
可可脂（白色）3克

装饰

抹茶粉
新鲜覆盆子少量
香草味无色镜面果胶

工具

直径5厘米的圆形切模1个
直径7厘米的挞圈12个
直径8厘米的挞圈模具2套（Silikomart®挞圈，含直径8厘米的挞圈1个、直径6.7厘米的六连弧面模具1个）
直径7厘米的硅胶挞模2个（Silikomart®）
十五连陀飞轮硅胶模具1个（Silikomart®）
裱花袋
圆形裱花嘴1个
喷砂枪1个

禅风绿茶番石榴

步骤

奶油白巧克力淋面（提前1天制作）

将鱼胶粉泡水膨胀。在土豆淀粉中加入少许搅打奶油稀释。锅中加热剩余的搅打奶油、无糖炼乳和细砂糖，拌入稀释的淀粉奶油，整体呈浓稠状。拌入吸水膨胀的鱼胶，一并倒在巧克力上，拌匀，冷藏12小时。

沙布雷黄油酥饼底

烤箱预热至160摄氏度。参照第177页方法制作沙布雷黄油酥面团，擀至3毫米厚，并切成12片直径8厘米的圆形饼皮，上、下各铺一层硅胶垫，烤12分钟，冷却备用。

绿茶托卡多雷蛋糕

烤箱预热至165摄氏度。厨师机装上搅拌配件，在料理缸中放入杏仁糖粉、淀粉、蛋黄、抹茶粉和87克蛋清拌匀。用厨师机打发另外83克蛋清，加入细砂糖，打发至硬性发泡，蛋白呈反光状态，拌入上述抹茶面糊中，再拌入融化黄油。烤盘铺上硅胶垫，将蛋糕糊倒入铺平，烤10分钟。出炉后用直径5厘米的圆形切模切出圆形蛋糕片，冷却备用。

芝麻杏仁脆片

烤箱预热至175摄氏度。锅中加热淡奶油、黄油、葡萄糖和盐拌匀。将细砂糖和NH325果胶拌匀后，倒入锅中，煮至沸腾，加入杏仁碎和白芝麻粒拌匀。烤盘上铺硅胶垫，将芝麻杏仁糊铺在硅胶垫上，在表面再盖一层硅胶垫，冷冻30分钟。取出，用直径5厘米的圆形切模切出圆形脆片，放在直径7厘米的硅胶挞模中，烤7分钟至金黄色，脱模，冷却备用。

覆盆子果酱

将NH325果胶和细砂糖拌匀，锅中加热覆盆子果茸和NH325果胶细砂糖的混合物，煮至沸腾，倒入盆中，在表面封上保鲜膜后冷藏。用手持料理棒打匀果酱，挤在蛋糕圆片的表面（B）。

番石榴蛋奶酱

将鱼胶粉泡水膨胀。锅中加热菠萝果肉和番石榴果肉。蛋黄加细砂糖轻微打发至发白，倒入果肉中，煮至83摄氏度，加入吸水膨胀的鱼胶拌匀，冷却至30摄氏度。用厨师机打发搅打奶油，拌入上述果酱中，放入裱花袋，冷藏保存。将果酱蛋糕片放在直径7厘米的挞圈底部，在其表面挤满番石榴蛋奶酱，高度与挞圈齐平（C）。冷冻2小时。

香草蛋奶酱

将鱼胶粉泡水膨胀。锅中加热75克淡奶油和从香草荚中刮下的香草籽。蛋黄加细砂糖轻微打发至发白，将热奶油过滤至蛋液中，一并倒回锅中加热至83摄氏度。加入吸水膨胀的鱼胶拌匀，冷却至25摄氏度。用厨师机打发300克淡奶油，拌入上述香草蛋奶酱中，倒入裱花袋中，挤在直径6.7厘米的六连弧面模具的12个模具中，同时挤在12个陀飞轮模具中（A）。冷冻3小时。

组装和装饰

将绿色喷砂酱的原料混合加热至45摄氏度。将蛋糕片脱模，在其表面喷上绿色绒面，放在沙布雷黄油酥饼底上（D），将芝麻杏仁脆片放于顶部。将奶油白巧克力淋面加热至23摄氏度，将弧形的香草蛋奶酱脱模，放在烤架上，底部放烤盘，均匀浇上奶油白巧克力淋面（E），放在芝麻杏仁脆片上。将香草蛋奶酱陀飞轮脱模，在其一半面积上撒抹茶粉，放在弧面慕斯上。用切半的覆盆子和香草味无色镜面果胶做装饰（F）。

A

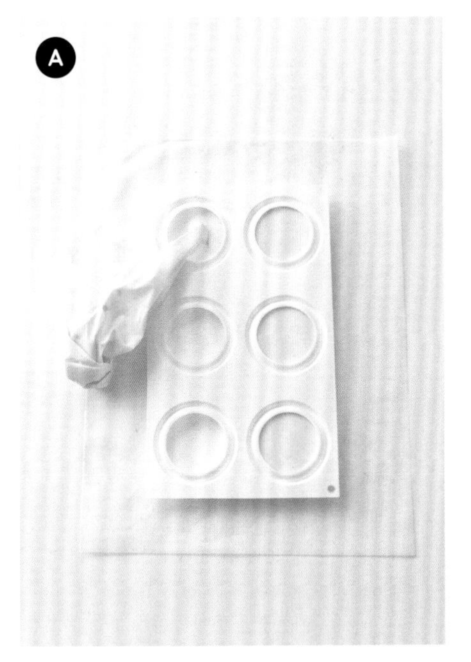

将香草蛋奶酱挤在直径6.7厘米的六连弧面模具的12个模具中，同时挤在12个陀飞轮模具中。

将覆盆子果酱挤在托卡多雷蛋糕圆片表面。

C

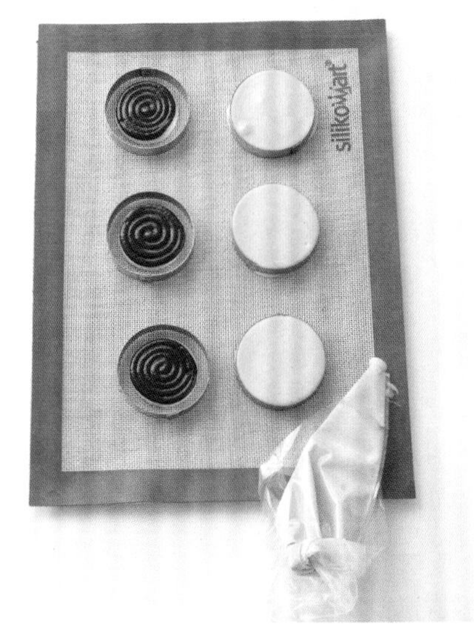

在果酱蛋糕片表面挤满番石榴蛋奶酱，高度与挞圈齐平。

将番石榴果酱蛋糕片喷上绿色绒面，放在沙布雷黄油酥饼底上。

E

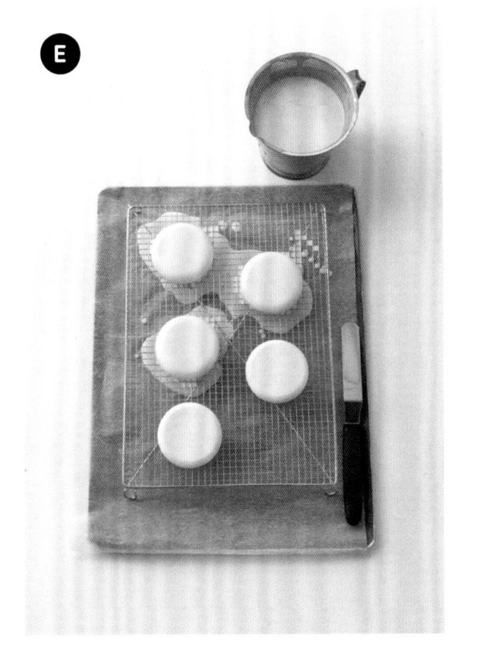

在弧形的香草蛋奶酱上均匀浇上奶油白巧克力淋面。

F

在香草蛋奶酱陀飞轮的一半面积上撒抹茶粉，放在弧面慕斯上。用切半的覆盆子和香草味无色镜面果胶做装饰。

上瘾沙布雷

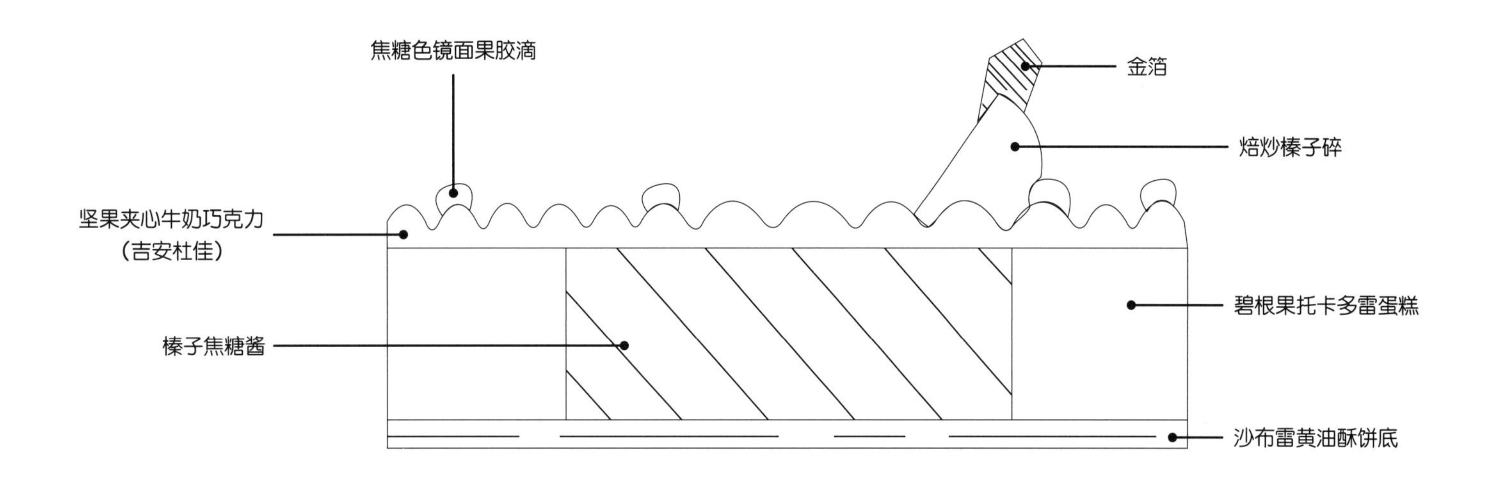

原料

制作12个小蛋糕　准备时间：50分钟　烘烤时间：35分钟　冷藏时间：12小时+1小时

榛子焦糖酱（提前1天制作）

淡奶油180克
香草荚半根
葡萄糖浆20克
细砂糖85克
冷藏黄油35克
榛子膏40克

坚果夹心牛奶巧克力（吉安杜佳）

榛子膏60克
糖粉60克
法芙娜白希比调温牛奶巧克力（46%）36克
可可脂12克

沙布雷黄油酥饼底

软化黄油100克
糖粉55克
香草荚半根
柠檬半个，仅取皮屑
橙子半个，仅取皮屑
盐之花2克
中筋面粉（T55）125克
蛋黄8克

碧根果托卡多雷蛋糕

黄油90克
杏仁粉60克
糖粉75克
土豆淀粉12克
蛋黄12克
蛋清60克
蛋清60克
细砂糖40克
碧根果50克

装饰

装饰用糖霜少量
焙炒榛子碎100克
香草味焦糖色镜面果胶
金箔

工具

直径8厘米的六连陀飞轮模具2个（Silikomart®）
直径8厘米的圆形切模1个
直径8厘米的挞圈12个
直径3厘米的圆形切模1个

步骤

榛子焦糖酱（提前1天制作）

锅中加热淡奶油和从香草荚中刮下的香草籽。另起一锅，加热细砂糖和葡萄糖浆至焦糖色，掺入热香草奶油，煮至104摄氏度，加入冷藏黄油，用手持料理棒打匀，冷却至30摄氏度。加入榛子膏，再次打匀，冷藏12小时。

坚果夹心牛奶巧克力（吉安杜佳）

用水浴加热融化巧克力和可可脂。用手持料理棒将榛子膏和糖粉打匀，倒入巧克力和可可脂的混合物中，充分融化。倒在陀飞轮硅胶模具中，充分震动以排出气泡（A），冷藏1小时。

沙布雷黄油酥饼底

烤箱预热至160摄氏度。参照第177页方法制作沙布雷黄油酥面团，擀至3毫米厚，并切成12片直径8厘米的圆形饼皮，在烤盘中铺硅胶垫，摆上饼皮，烤15分钟（B），冷却备用。

碧根果托卡多雷蛋糕

将黄油加热，制作焦化黄油。烤箱预热至165摄氏度。厨师机装上刀片，在料理缸中放入碧根果和糖粉打匀，再加入杏仁粉、土豆淀粉、蛋黄和第一份蛋清打匀。用厨师机打发第二份蛋清，加入细砂糖，打发至硬性发泡，蛋白呈反光状态，将其拌入上述碧根果面糊中。取出一部分面糊，加入45摄氏度的焦化黄油拌匀，再倒回剩余的面糊中拌匀。将面糊倒入直径8厘米的挞圈中，烤20分钟（C）。冷却备用。

组装和装饰

用直径3厘米的圆形切模在蛋糕片中央挖空，形成蛋糕圆环（D）。将蛋糕圆环放在沙布雷黄油酥饼底上，在蛋糕表面撒上糖霜，将榛子焦糖酱挤在圆环中央，并放上焙炒榛子碎（E）。将坚果夹心牛奶巧克力陀飞轮脱模，放在圆环表面。用焙炒榛子碎、香草味焦糖色镜面果胶和金箔做装饰（F）。

A

将坚果夹心牛奶巧克力倒在陀飞轮硅胶模具中。

B

在烤盘中铺硅胶垫，摆上沙布雷黄油酥饼底，烤15分钟。

C

将碧根果托卡多雷面糊倒入直径8厘米的挞圈中，烤20分钟。

D

用直径3厘米的圆形切模在蛋糕片中央挖空，形成蛋糕圆环。

E

将蛋糕圆环放在沙布雷黄油酥饼底上，在蛋糕表面撒上糖霜，将榛子焦糖酱挤在圆环中央，并放上焙炒榛子碎。

F

将坚果夹心牛奶巧克力陀飞轮脱模，放在圆环表面。用焙炒榛子碎、香草味焦糖色镜面果胶和金箔做装饰。

菠萝百香果水滴

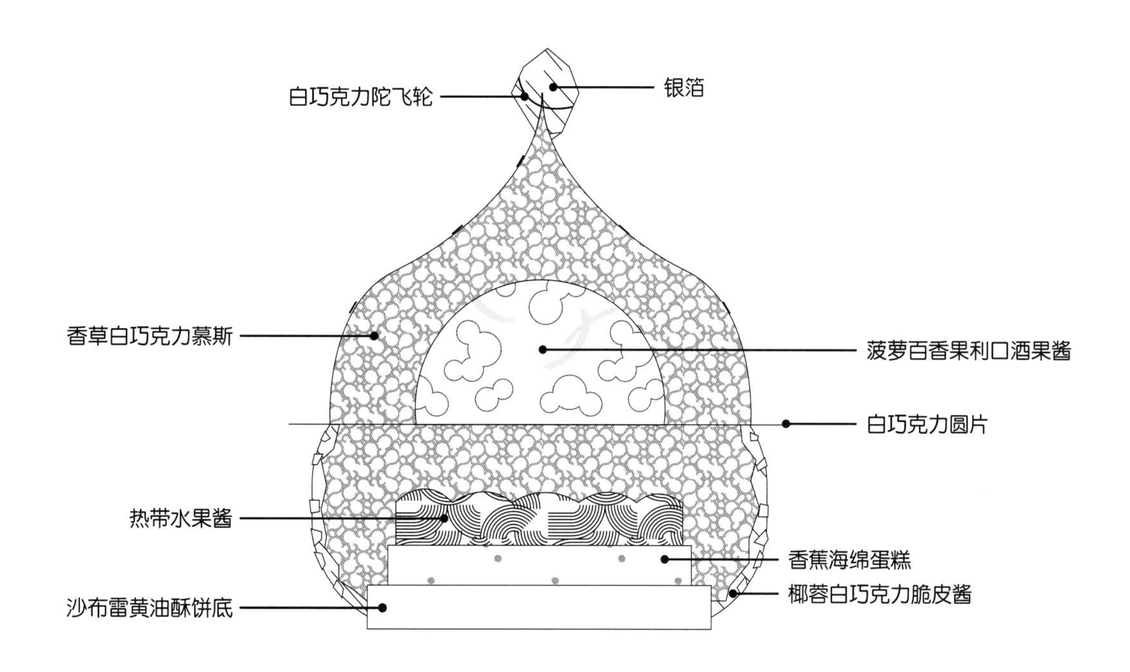

原料

制作12个小蛋糕　准备时间：1小时　烘烤时间：25分钟　冷藏时间：45分钟　冷冻时间：5小时

沙布雷黄油酥饼底

软化黄油100克
糖粉55克
香草荚半根
柠檬半个，仅取皮屑
橙子半个，仅取皮屑
盐之花2克
中筋面粉（T55）125克
蛋黄8克

香蕉海绵蛋糕

香蕉果茸98克
生杏仁膏122克
低筋面粉13克
全蛋液90克
蛋黄8克
粗糖13克
蛋清25克
细砂糖5克
黄油28克

菠萝百香果利口酒果酱

维多利亚菠萝果肉250克
香草荚半根
纯净水75克
细砂糖70克
菠萝果茸50克
百香果果茸30克
百香果利口酒（Passoa®）15克
NH325果胶5克

香草白巧克力慕斯

鱼胶粉7克
纯净水49克
搅打奶油330克
香草荚2根
可可脂36克
法芙娜欧帕丽斯调温白巧克力（33%）340克
搅打奶油350克

热带水果酱

杧果肉125克
菠萝肉30克
百香果汁28克
细砂糖38克
NH325果胶4克
百香果利口酒（Passoa®）15克

椰蓉白巧克力脆皮酱

法芙娜欧帕丽斯调温白巧克力（33%）500克
可可脂25克
可可脂（调白色）25克
葡萄籽油30克
焙炒椰蓉50克

杧果淋面

无色镜面果胶500克
香草荚1根
杧果果茸50克

装饰

直径7厘米的白巧克力圆片12片（参照第186页）
白巧克力陀飞轮12片（参照第185页）
银箔

工具

40厘米×30厘米烤盘1个
直径5厘米及6厘米的圆形切模各1个
直径4厘米的十二连圆拱形硅胶模具1个
直径6.4厘米的榛子形硅胶模具1个
喷砂枪1个

步骤

沙布雷黄油酥饼底

烤箱预热至160摄氏度。参照第177页方法制作沙布雷黄油酥面团，擀至3毫米厚，并切成12片直径6厘米的圆形饼皮，在上、下各铺硅胶垫，摆上饼皮，烤10分钟，冷却备用。

香蕉海绵蛋糕

烤箱预热至180摄氏度。将香蕉果茸、生杏仁膏、低筋面粉、全蛋液、蛋黄和粗糖一同打匀。用厨师机打发蛋清，加入细砂糖，打发至硬性发泡，蛋白呈反光状态。将蛋白糊拌入香蕉糊中，加入融化黄油拌匀。烤盘中铺上硅胶垫，倒入香蕉蛋糕糊，烤15分钟。出炉后，用直径5厘米的切模切分为圆形蛋糕片。冷却备用。

菠萝百香果利口酒果酱

将维多利亚菠萝果肉切丁。锅中加热菠萝丁、从香草荚中刮下的香草籽、水和2/3的细砂糖，煮5分钟后，加入菠萝果茸、百香果果茸和百香果利口酒。剩余的细砂糖与NH325果胶混匀，倒入果酱中拌匀。将果酱倒在烤盘中，封上保鲜膜，在冰箱中冷却。将果酱填入直径4厘米的十二连圆拱形硅胶模具中，冷冻2小时。

香草白巧克力慕斯

将鱼胶粉泡水膨胀。锅中加热搅打奶油和从香草荚中刮下的香草籽，离火，盖上锅盖，浸渍5分钟，过滤一次，加入可可脂拌匀。放回火上，煮至轻微冒泡。一并倒在白巧克力和吸水膨胀的鱼胶中，充分搅拌以达到均匀质地，冷却至24摄氏度。同时用厨师机打发搅打奶油，用刮刀轻轻拌入上述香草白巧克力酱中，冷藏保存。

热带水果酱

锅中加热所有果茸和百香果汁，煮至40摄氏度。将细砂糖与NH325果胶混匀，加入果茸中，并加入百香果利口酒。冷藏30分钟。

椰蓉白巧克力脆皮酱

用微波炉加热白巧克力、可可脂和葡萄籽油。温度达40摄氏度时，加入焙炒椰蓉拌匀，在室温下冷却备用。

组装和装饰

将热带水果酱拌匀，铺在香蕉海绵蛋糕上，每片约铺7克热带水果酱，冷藏15分钟。将沙布雷黄油酥饼底放在榛子形硅胶模具的下半部分，将铺有果酱的香蕉蛋糕放于饼底表面，用香草白巧克力慕斯灌满下半部分。在榛子形硅胶模具的上半部分挤出30克香草白巧克力慕斯，放入圆拱形的菠萝百香果利口酒果酱，再用慕斯灌满，整体冷冻3小时。冷冻后，将下半部分脱模，泡在椰蓉白巧克力脆皮酱中裹满，放在铺有油纸的烤盘上。将杧果淋面的原料混合加热至80摄氏度，将上半部分慕斯脱模，将杧果淋面喷在圆拱表面。用白巧克力陀飞轮和银箔做装饰。

坚果脆底巧克力（无麸质）

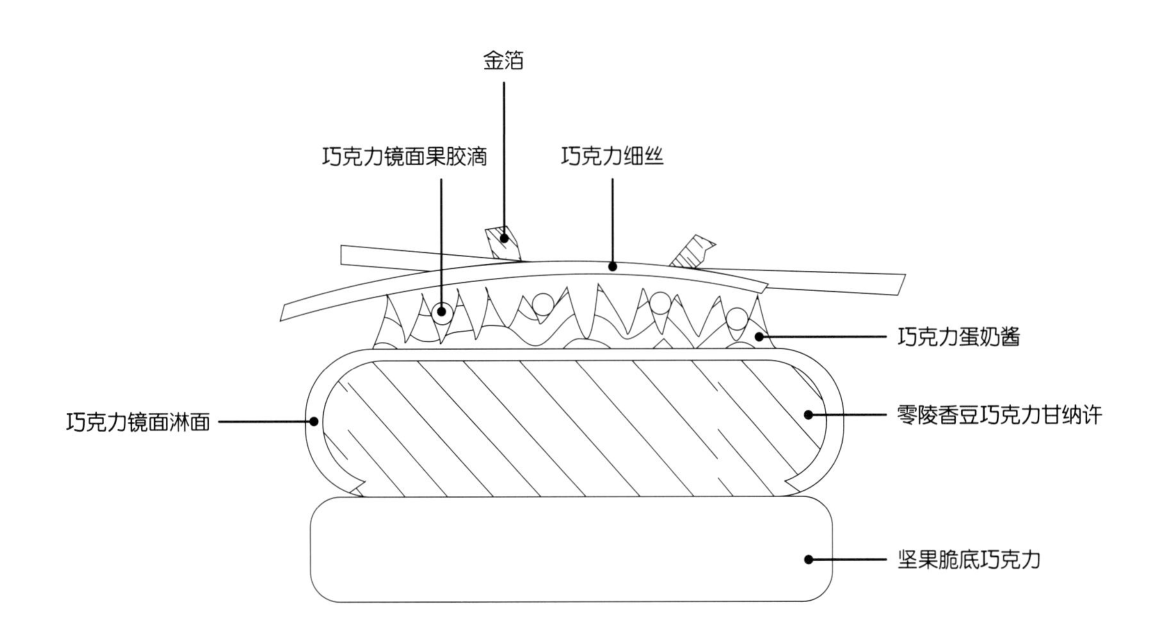

原料

制作20个小蛋糕　准备时间：1小时30分钟　冷藏时间：4小时+30分钟

坚果脆底巧克力

榛子碎150克
松子75克
酥炸玉米片150克
焙炒椰蓉25克
白杏仁膏80克
坚果夹心黑巧克力（吉安杜佳）100克
法芙娜白希比调温牛奶巧克力（46%）80克
法芙娜欧帕丽斯调温白巧克力（33%）50克
盐之花1克

零陵香豆巧克力甘纳许

淡奶油425克
香草荚1根
零陵香豆1克
洋槐蜂蜜62克
细砂糖112克
法芙娜吉瓦那调温牛奶巧克力125克
法芙娜孟加里调温黑巧克力（64%）215克
黄油30克

巧克力蛋奶酱

鱼胶粉2克
纯净水14克
淡奶油400克
蛋黄50克
细砂糖22克
法芙娜孟加里调温黑巧克力（64%）150克

巧克力镜面淋面

鱼胶粉9克
纯净水63克
淡奶油100克
葡萄糖浆60克
可可粉40克
纯净水56克
细砂糖140克

装饰

黑巧克力细丝
黑巧克力镜面果胶
金箔

工具

直径7厘米的挞圈20个
直径7厘米的挞圈模具4套（Silikomart® 挞圈，含直径7厘米的挞圈1个、直径6.7厘米的六连弧面模具1个）
裱花袋
104号裱花嘴1个
电动裱花台1个

步骤

坚果脆底巧克力

将榛子碎、酥炸玉米片和松子铺在烤盘上，稍微烘烤至变色。将坚果夹心黑巧克力（吉安杜佳）融化后，加入白杏仁膏拌匀。将白巧克力和牛奶巧克力融化，拌入上述坚果巧克力杏仁膏中，再放入所有坚果、玉米片和盐之花拌匀，铺在挞圈中（A）。冷藏30分钟。

零陵香豆巧克力甘纳许

锅中小火加热淡奶油、从香草荚中刮下的香草籽和零陵香豆，避免沸腾。离火，盖上锅盖，浸渍4分钟，加入洋槐蜂蜜拌匀。另起一锅，干炒细砂糖至变为焦糖色，离火，将上述热奶油过滤至焦糖中拌匀。一并倒在巧克力中，用手持料理棒打匀至巧克力完全融化。加入黄油，再次打匀，冷却至40摄氏度，倒在圆弧形硅胶模具的20个模具中（Silikomart®）（B）。冷藏2小时。

巧克力蛋奶酱

将鱼胶粉泡于水中。锅中加热淡奶油，避免沸腾。蛋黄加细砂糖轻微打发至发白，倒入热淡奶油中煮至85摄氏度。倒在吸水膨胀的鱼胶和巧克力中。用手持料理棒打匀，冷藏2小时。

巧克力镜面淋面

将鱼胶粉泡于纯净水中。锅中加热淡奶油、葡萄糖浆和可可粉至温热。另起一锅，将纯净水和细砂糖煮至110摄氏度，加入上述热奶油继续煮至沸腾。加入吸水膨胀的鱼胶，用手持料理棒打匀，冷藏备用。

组装和装饰

将圆弧形的零陵香豆巧克力甘纳许脱模，放在烤架上，底部放烤盘（C）。将巧克力镜面淋面加热至28摄氏度，浇在甘纳许表面（D）。将已淋面的甘纳许放在坚果脆底巧克力片上（E），一并移至裱花台中央。裱花袋放入104号裱花嘴，放入巧克力蛋奶酱，在甘纳许表面挤出陀飞轮（参照第186页）（F）。用黑巧克力细丝、黑巧克力镜面果胶和金箔做装饰。

A

将坚果脆底巧克力铺在挞圈中。

B

将零陵香豆巧克力甘纳许倒在圆弧形硅胶模具的20个模具中。

C

将圆弧形的零陵香豆巧克力甘纳许脱模，放在烤架上，底部放烤盘。

D

将淋面酱加热至28摄氏度，浇在甘纳许表面。

E

将已淋面的甘纳许放在香脆坚果巧克力片上。

F

在甘纳许表面挤出巧克力蛋奶酱陀飞轮。

原料

制作18个小蛋糕　准备时间：3小时　烘烤时间：26分钟　冷藏时间：12小时+12小时+1小时　冷冻时间：4小时

青柠椰子香草打发甘纳许（提前1天制作）

鱼胶粉1克
纯净水6克
淡奶油195克
全脂牛奶50克
青柠半个，仅取皮屑
椰肉果茸75克
香草荚半根
法芙娜欧帕丽斯调温白巧克力（33%）187克

奶油白巧克力淋面（提前1天制作）

鱼胶粉5克
纯净水35克
土豆淀粉15克
无糖炼乳80克
细砂糖100克
法芙娜欧帕丽斯调温白巧克力50克
淡奶油250克

香草松脆油酥沙布雷饼底

软化的半盐黄油185克
杏仁糖粉106克
全蛋液25克
香草荚1根
中筋面粉（T55）175克
酵母粉5克

香草托卡多雷蛋糕

杏仁糖粉482克
香草荚1根
淀粉32克
蛋清160克
蛋黄21克
蛋清160克
细砂糖89克
融化黄油185克

生姜香草蛋奶酱

鱼胶粉3克
纯净水21克
淡奶油150克
全脂牛奶150克
新鲜生姜12克
马达加斯加香草荚半根
蛋黄56克
法芙娜欧帕丽斯调温白巧克力（33%）187克

香草焦糖酱

淡奶油145克
香草荚1根
葡萄糖25克
细砂糖135克
黄油25克

香草奶油

鱼胶粉2.5克
纯净水17.5克
蛋黄20克
细砂糖20克
淡奶油75克
香草荚半根
淡奶油300克

装饰

白巧克力圆环（参照第186页）
无色镜面果胶
银箔

工具

浅弧形硅胶模具3个（Silikomart® Cupole）
直径8厘米的挞圈18个
直径6厘米的圆形切模1个
裱花袋
104号裱花嘴1个
电动裱花台1个

浓郁香草

将生姜香草蛋奶酱倒在浅弧形硅胶模具中（Silikomart® Cupole）。

将香草焦糖酱挤在托卡多雷蛋糕圆片上。

将托卡多雷蛋糕圆片摆在直径8厘米的挞圈底部，在挞圈内挤满香草奶油，刮平。

冷冻后脱模，放在烤架上，底部放烤盘。将奶油白巧克力淋面酱加热至23摄氏度，浇在冷冻的香草奶油表面。

将浅弧形的生姜香草蛋奶酱脱模，放在挞表面的冷冻香草奶油上。

将挞移至裱花台中央，用裱花袋在弧面上挤出青柠椰子香草打发甘纳许陀飞轮。

步骤

青柠椰子香草打发甘纳许（提前1天制作）

将鱼胶粉泡于纯净水中。锅中加热全脂牛奶和青柠皮屑，离火，盖上锅盖，浸渍5分钟。加入椰肉果茸和从香草荚中刮下的香草籽，再次放回火上加热，避免沸腾。加入吸水膨胀的鱼胶后，一并倒在白巧克力中，用手持料理棒打匀。加入冷藏的淡奶油，再次打匀，冷藏12小时。

奶油白巧克力淋面（提前1天制作）

将鱼胶粉泡于纯净水中。在土豆淀粉中加入少许淡奶油稀释。锅中加热剩余的淡奶油、无糖炼乳和细砂糖，拌入稀释的淀粉奶油混合物，整体呈浓稠状。拌入吸水膨胀的鱼胶，一并倒在巧克力上，用手持料理棒打匀，冷藏12小时。

香草松脆油酥沙布雷饼底

参照第178页方法制作沙布雷面团，将面团擀至3毫米厚，切成直径8厘米的圆形饼皮，上、下各铺一张硅胶垫，烤12分钟，冷却备用。

香草托卡多雷蛋糕

烤箱预热至165摄氏度。参照第179页方法制作托卡多雷蛋糕，烤14分钟，出炉后，切成直径6厘米蛋糕圆片，冷却备用。

生姜香草蛋奶酱

将鱼胶粉泡于纯净水中。锅中加热全脂牛奶、淡奶油、新鲜生姜屑和从香草荚中刮下的香草籽。加入蛋黄，煮至85摄氏度，一并过滤至吸水膨胀的鱼胶和白巧克力中，用手持料理棒打匀，冷却至40摄氏度，倒在浅弧形硅胶模具中（Silikomart® Cupole）**(A)**，冷冻2小时。

香草焦糖酱

锅中小火加热淡奶油和从香草荚中刮下的香草籽，避免沸腾。另取一个厚底锅，放入葡萄糖和细砂糖煮至焦糖色，掺入上述热奶油，一并加热至103摄氏度。加入黄油，打匀，冷藏1小时。

香草奶油

将鱼胶粉泡于纯净水中。锅中加热75克淡奶油和香草荚。蛋黄加细砂糖轻微打发至发白，倒入热的淡奶油中，煮至83摄氏度，加入吸水膨胀的鱼胶，待冷却至25摄氏度。同时用厨师机打发剩余的淡奶油，拌入上述香草蛋奶酱中。

组装和装饰

将香草焦糖酱挤在托卡多雷蛋糕圆片上 **(B)**，摆在直径8厘米的挞圈底部，在挞圈内挤满香草奶油，刮平 **(C)**，整体冷冻2小时。冷冻后脱模，放在烤架上，底部放烤盘。将奶油白巧克力淋面加热至23摄氏度，浇在冷冻的香草奶油表面 **(D)**。在挞周围摆上白巧克力圆环，并将整体移至沙布雷饼底上。将浅弧形的生姜香草蛋奶酱脱模，放在挞表面的冷冻香草奶油上 **(E)**。用厨师机打发青柠椰子香草打发甘纳许。裱花袋中放入104号裱花嘴，倒入甘纳许。将挞移至裱花台中央，用裱花袋在弧面上挤出陀飞轮（参照第184页）**(F)**。用无色镜面果胶滴和银箔做装饰。

松子脆底黄杏柠檬（无麸质）

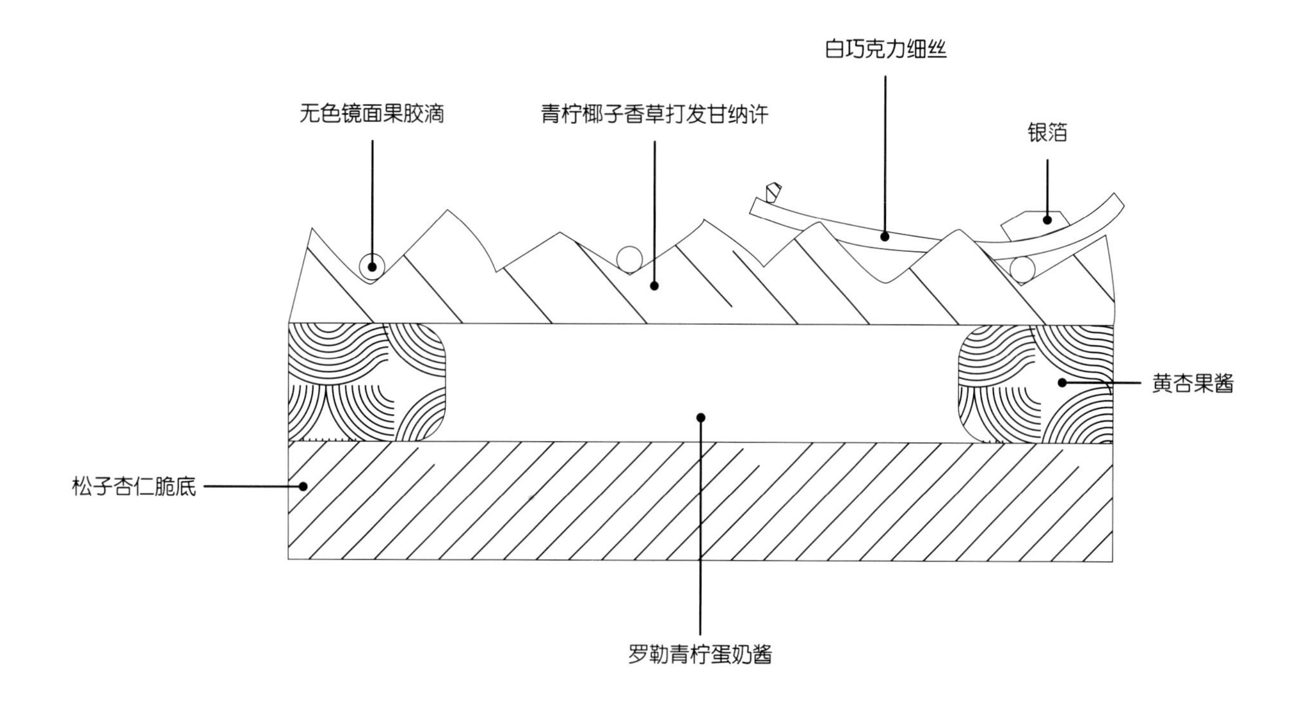

原料

制作8个小蛋糕　准备时间：1小时45分钟　烘烤时间：15分钟　冷藏时间：12小时+30分钟　冷冻时间：1小时

青柠椰子香草打发甘纳许（提前1天制作）

鱼胶粉1克
纯净水7克
全脂牛奶50克
青柠半个
椰肉果茸35克
香草荚半根
法芙娜欧帕丽斯调温白巧克力130克
淡奶油135克

松子杏仁脆底

酥炸玉米片80克
杏仁碎70克
松子25克
糖衣杏仁45克
法芙娜欧帕丽斯调温白巧克力70克
盐之花1撮

黄杏果酱

细砂糖20克
NH325果胶2克
黄杏果肉150克

罗勒青柠蛋奶酱

鱼胶粉2克
纯净水14克
全脂牛奶45克
新鲜青柠半个
新鲜罗勒4克
全蛋液65克
细砂糖72克
黄柠檬汁65克
黄油100克

装饰

白巧克力细丝（参照第187页）
无色镜面果胶
银箔

工具

直径8厘米挞圈16个
104号裱花嘴1个
裱花袋
电动裱花台1个

步骤

青柠椰子香草打发甘纳许（提前1天制作）

将鱼胶粉泡于纯净水中。锅中加热全脂牛奶和青柠屑，离火，盖上锅盖，浸渍4分钟，过滤至椰肉果茸中拌匀，加入从香草荚中刮下的香草籽，重新放回火上，小火加热，避免沸腾。加入吸水膨胀的鱼胶拌匀，一并过滤至巧克力中。用手持料理棒打匀，倒入冷藏的淡奶油，再次打匀，冷藏12小时。

松子杏仁脆底

烤箱预热至170摄氏度。烤盘铺硅胶垫，放上玉米片烘烤5分钟，冷却备用。将杏仁碎和松子铺在硅胶垫上，烘烤10分钟至变色，其间需时常将坚果翻面。用水浴加热融化巧克力，拌入糖衣杏仁中，再加入玉米片、杏仁、松子和盐之花拌匀。将松子杏仁巧克力铺在挞圈底部，冷藏15分钟（A）。

黄杏果酱

将细砂糖和NH325果胶混匀。锅中加热黄杏果肉，倒入果胶和细砂糖，煮至沸腾，倒在盆中，冷藏15分钟。

罗勒青柠蛋奶酱

将鱼胶粉泡于纯净水中。锅中小火加热全脂牛奶和青柠皮屑，避免沸腾，再加入罗勒叶。离火，盖上锅盖，浸渍5分钟。全蛋液加细砂糖轻微打发至发白。将热全脂牛奶过滤至蛋液中，用力挤压，以充分释放香气。加热黄柠檬汁，倒入上述牛奶青柠罗勒蛋液中，煮至沸腾。加入吸水膨胀的鱼胶拌匀，冷却至45摄氏度，加入黄油块，用手持料理棒打匀（B）。放入裱花袋中，冷藏备用。

组装和装饰

将黄杏果酱打匀。裱花袋中放入直径8毫米的圆形裱花嘴，倒入黄杏果酱，在8个挞圈内的边缘处挤出5个圆形果酱（C）。用罗勒青柠蛋奶酱填满挞圈，刮平（D）。冷冻1小时。冷冻后，将罗勒青柠蛋奶酱脱模，放在松子杏仁脆底上（E）。用厨师机打发甘纳许，裱花袋中放入104号裱花嘴，倒入甘纳许。将挞整体移至裱花台上，在罗勒青柠蛋奶酱表面挤出甘纳许陀飞轮（参照第184页）（F）。在所有挞上重复这一操作。用白巧克力细丝、无色镜面果胶滴和银箔做装饰。

将松子杏仁巧克力铺在挞圈底部，冷藏15分钟。

在罗勒青柠蛋奶酱中加入黄油块，用手持料理棒打匀。

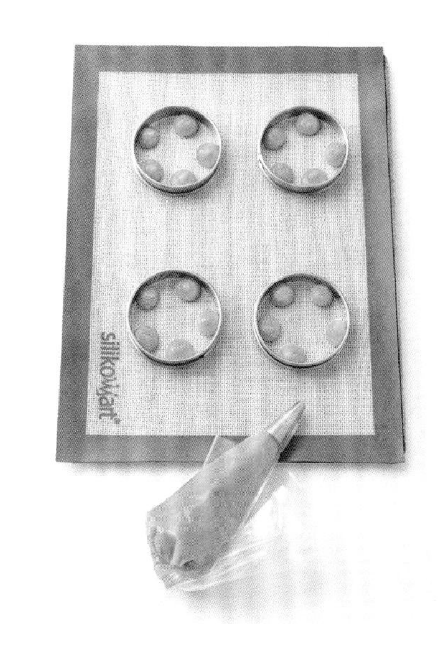

在8个挞圈内的边缘处挤出5个圆形果酱。

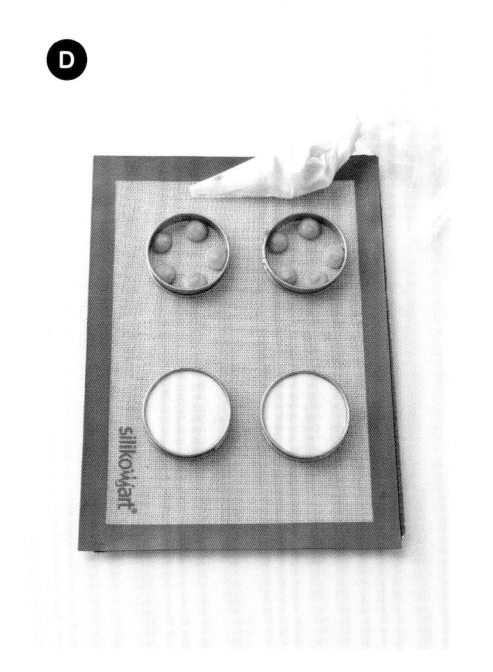

用罗勒青柠蛋奶酱填满挞圈，刮平。

冷冻后，将罗勒青柠蛋奶酱脱模，放在松子杏仁脆底上。

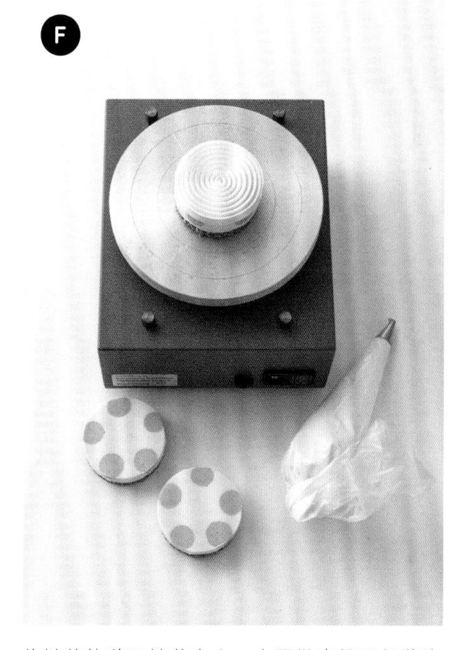

将挞整体移至裱花台上，在罗勒青柠蛋奶酱表面挤出青柠椰子香草甘纳许陀飞轮。

香茅黑醋栗球（无麸质）

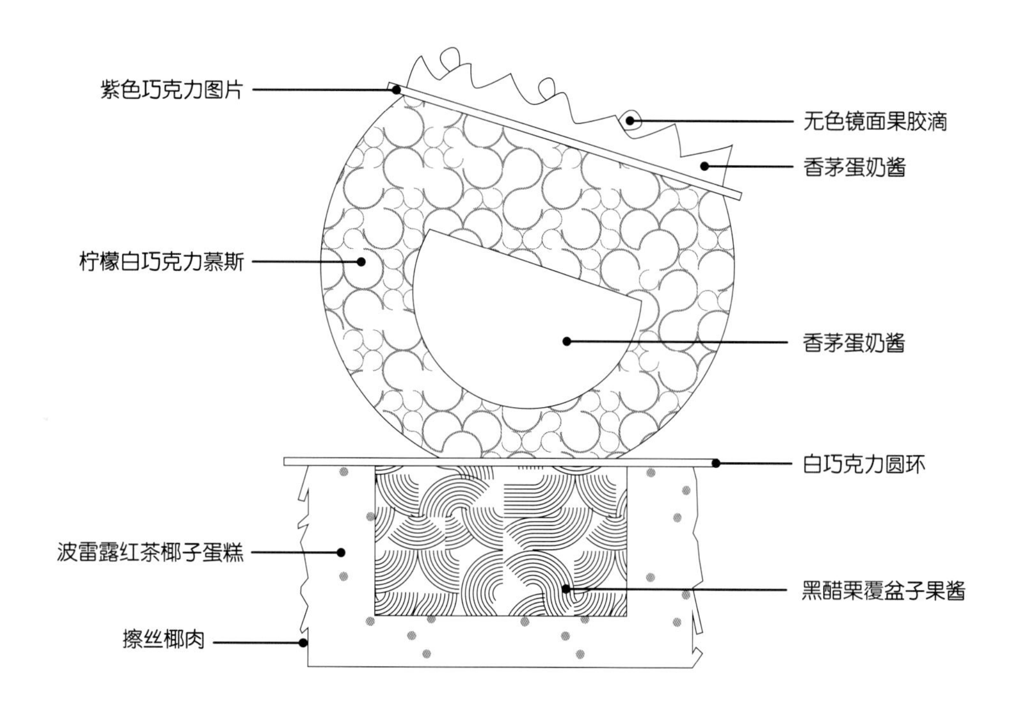

原料

制作12个小蛋糕　准备时间：2小时　烘烤时间：12分钟　冷冻时间：8小时

香茅蛋奶酱

鱼胶粉1.5克
纯净水10.5克
淡奶油110克
香茅1根
香茅果茸50克
黄柠檬汁16克
蛋黄30克
细砂糖18克
法芙娜欧帕丽斯调温白巧克力25克

柠檬白巧克力慕斯

鱼胶粉3克
纯净水18克
淡奶油120克
黄柠檬半个，仅取皮屑
青柠檬半个，仅取皮屑
可可脂13克
法芙娜欧帕丽斯调温白巧克力（33%）125克
搅打奶油125克

波雷露红茶椰子蛋糕

纯杏仁粉100克
糖粉100克
土豆淀粉7.5克
全蛋液100克
蛋清20克
波雷露红茶4克，磨粉
擦丝椰肉50克
蛋清35克
细砂糖10克
融化黄油70克

黑醋栗覆盆子果酱

鱼胶粉1克
纯净水7克
细砂糖37克
NH325果胶4.5克
黑醋栗果肉150克
覆盆子果肉75克

紫红色喷砂酱

法芙娜欧帕丽斯调温白巧克力65克
可可脂50克
可可脂（调成覆盆子红色）15克
可可脂（调成蓝莓色）2克

装饰

外径6厘米、内径3厘米的白巧克力圆环12片
直径5厘米的紫色巧克力圆片12片（参照第186页）
无色镜面果胶
擦丝椰肉
银箔

工具

直径6厘米的慕斯圈12个
直径3厘米的二十四连半球形硅胶模具1个
直径5厘米的二十连球形硅胶模具1个
直径3厘米的圆形切模1个
十五连陀飞轮硅胶模具1个（Silikomart®）

步骤

香茅蛋奶酱

将鱼胶粉泡于纯净水中。锅中加热淡奶油和切块的香茅杆，再加入香茅果茸和黄柠檬汁。蛋黄加细砂糖轻微打发至发白，过滤至热淡奶油中，煮至83摄氏度，一并倒在吸水膨胀的鱼胶和巧克力中拌匀，用手持料理棒打匀，取一部分倒在直径3厘米的二十四连半球形硅胶模具的12个模具中，剩余的倒入十五连陀飞轮硅胶模具的12个模具中（A）。全部冷冻4小时。

柠檬白巧克力慕斯

将鱼胶粉泡于纯净水中。锅中加热淡奶油和黄青柠檬皮屑，离火，盖上锅盖，浸渍5分钟。过滤至可可脂中，重新放回火上，加热至85摄氏度，一并倒在巧克力和吸水膨胀的鱼胶中，冷却至23摄氏度。同时用厨师机打发搅打奶油，拌入上述柠檬细砂巧克力慕斯中。取一部分挤入直径5厘米的二十连球形硅胶模具中（B）。将半球形的香茅蛋奶酱脱模，放入球形模具中央，再挤入柠檬白巧克力慕斯填满球形，刮平（C），冷冻4小时。

波雷露红茶椰子蛋糕

烤箱预热至160摄氏度。厨师机装上刀片，在料理缸中放入纯杏仁粉和糖粉打匀，加入土豆淀粉、全蛋液和20克蛋清打匀，让混合物稍微乳化。加入波雷露红茶粉和擦丝椰肉，用刮刀拌匀。用厨师机打发35克蛋清，加入细砂糖，打发至硬性发泡，蛋白呈反光状态，用刮刀将蛋白糊拌入上述红茶椰子糊中，再加入冷却的融化黄油拌匀。倒入直径6厘米的慕斯圈中，烤12分钟。冷却后脱模，用直径3厘米的圆形切模在蛋糕片中央挖空，将中央圆柱体部分切成5毫米厚，放回中央镂空处（D），备用。

黑醋栗覆盆子果酱

将鱼胶粉泡于纯净水中。将细砂糖和NH325果胶拌匀。锅中加热覆盆子果肉和黑醋栗果肉至40摄氏度，倒入糖和NH325果胶，煮至沸腾。倒入吸水膨胀的鱼胶中拌匀在冷藏中冷却。

紫红色喷砂酱

将紫红色喷砂酱原料混合加热至40摄氏度。

组装和装饰

将波雷露红茶椰子蛋糕裹满无色镜面果胶，在表面沾满擦丝椰肉。将黑醋栗覆盆子果酱打匀，挤在蛋糕中央的凹陷处，在表面放上白巧克力圆环（E）。将球形的夹心慕斯脱模，喷上紫红色绒面，用细木棒插在蛋糕表面，较平的面朝上（F）。将香茅蛋奶酱陀飞轮脱模，喷上紫红色绒面，放在直径5厘米的紫色巧克力圆片上，整体移至夹心慕斯的平面上，用无色镜面果胶做装饰。

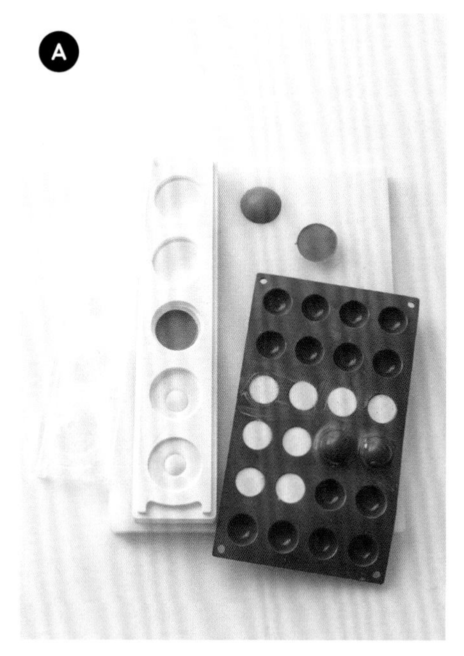

取一部分香芋蛋奶酱倒在直径3厘米的二十四连半球形硅胶模具的12个模具中，剩余的倒入十五连陀飞轮硅胶模具的12个模具中。

取一部分柠檬白巧克力慕斯挤入直径5厘米的二十连球形硅胶模具中。

将半球形的香芋蛋奶酱脱模，放入球形模具中央，再挤入柠檬巧克力慕斯填满球形，刮平。

用直径3厘米的圆形切模在蛋糕片中央挖空，将中央圆柱体部分切成5毫米厚，放回中央镂空处。

将黑醋栗覆盆子果酱打匀，挤在蛋糕中央的凹陷处，在表面放上白巧克力圆环。

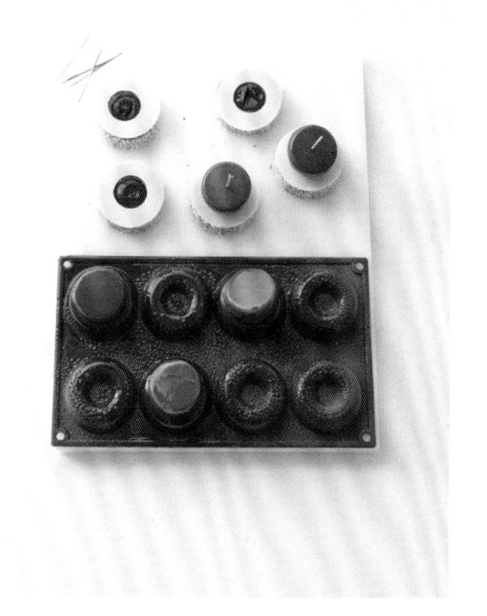

将球形的夹心慕斯脱模，喷上紫红色绒面，用细木棒插在蛋糕表面，较平的面朝上。

百香果奶酱泡芙

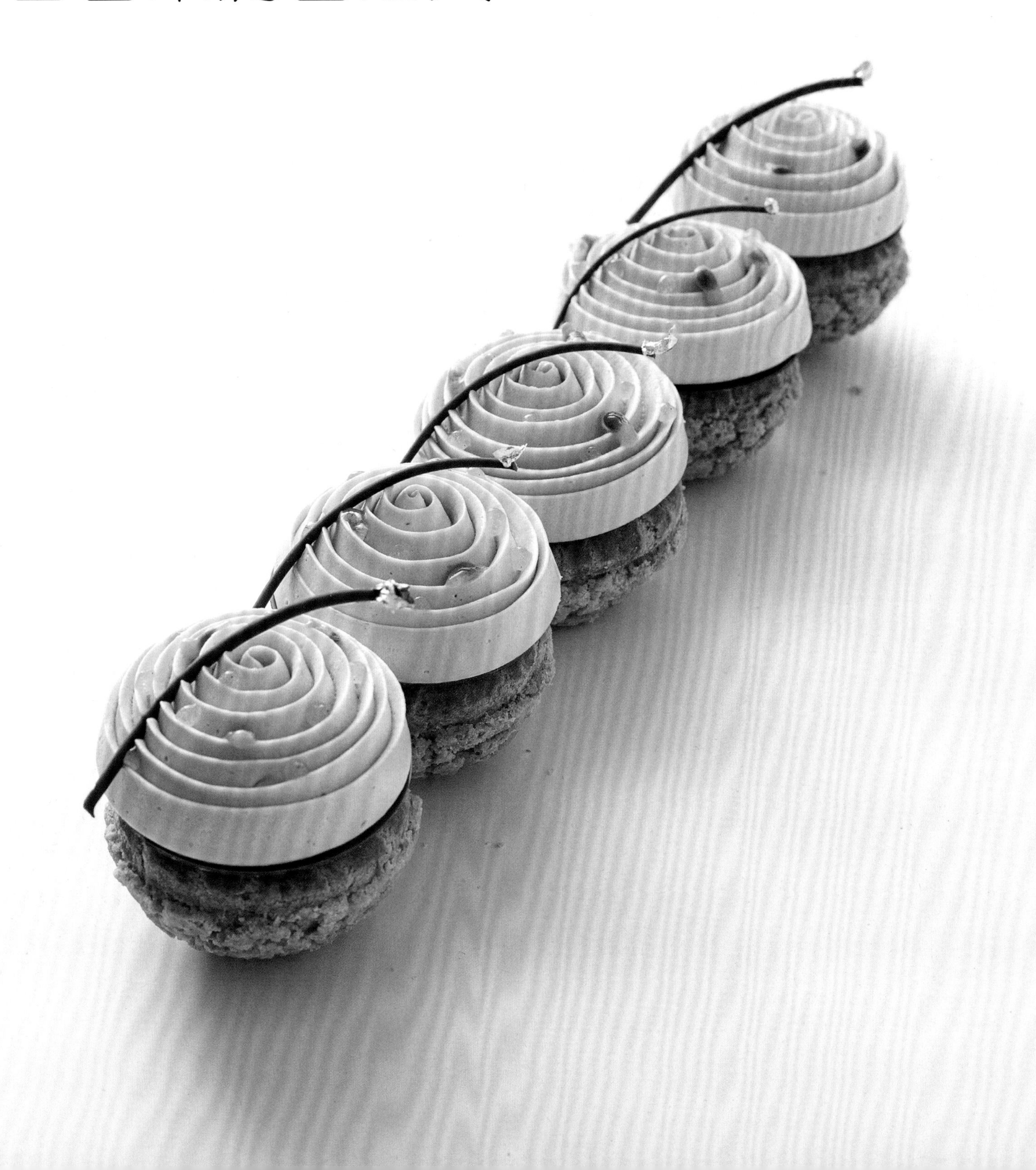

原料

制作12个泡芙　准备时间：1小时　烘烤时间：20分钟　冷藏时间：12小时+2小时+30分钟　冷冻时间：4小时

度丝巧克力打发甘纳许（提前1天制作）

淡奶油73克
葡萄糖浆8克
法芙娜®度思调温金黄巧克力100克
冷藏淡奶油185克

红糖黄油酥皮

软化黄油50克
粗红糖30克
细砂糖25克
面粉60克

泡芙面团

牛奶125克
黄油55克
精盐2克
中筋面粉（T55）67克
蛋黄125克

百香果杧果酱

细砂糖50克
NH325果胶4克
杧果肉120克
百香果汁80克

度丝巧克力焦糖蛋奶酱

鱼胶粉4克
纯净水28克
全脂牛奶250克
蛋黄70克
细砂糖90克
法芙娜度思调温金黄巧克力35克
淡奶油240克

装饰

牛奶巧克力圆片12片（参照第186页）
牛奶巧克力细丝12根（参照第187页）
百香果肉
杧果色镜面果胶
金箔

工具

裱花袋
直径14毫米的圆形裱花嘴1个
直径4厘米的圆形切模1个
直径4厘米的十五连半球形硅胶模具1个（Silikomart®）
直径6厘米的六连半球形硅胶模具1个（Silikomart®）
104号裱花嘴1个
电动裱花台1个

步骤

度丝巧克力打发甘纳许（提前1天制作）

在锅中加热淡奶油和葡萄糖浆，倒在巧克力中，用手持料理棒打匀。加入冷藏淡奶油，再次打匀，冷藏12小时。

红糖黄油酥皮

将软化黄油、粗红糖和细砂糖拌匀，加入过筛面粉。烤盘中铺油纸，将酥皮面团擀至极薄，再盖一层油纸，冷藏1小时。

泡芙面团

烤箱预热至165摄氏度。锅中加热牛奶、黄油和精盐，煮至轻微冒泡，一次性加入过筛的中筋面粉，迅速拌匀，以便让面团尽快干燥。离火，逐步加入蛋黄液，以便让面团逐步湿润。裱花袋中放入直径14毫米的圆形裱花嘴，放入面团，在烤盘上挤出直径5厘米的大小的面团。用直径4厘米的圆形切模将冷藏的酥皮切成圆片，放在泡芙面团表面，烤20分钟。

百香果杧果酱

将细砂糖和NH325果胶混匀。锅中加热杧果肉和百香果汁，加入细砂糖和NH325果胶，融化，煮至沸腾，倒在盆中。在表面铺上保鲜膜，冷藏30分钟。用手持料理棒打匀，将果酱挤在直径4厘米的十五连半球形硅胶模具的12个模具中，冷冻2小时。

度丝巧克力焦糖蛋奶酱

将鱼胶粉泡于纯净水中。锅中煮沸全脂牛奶。另起一锅，干炒细砂糖至变为焦糖色，离火，掺入上述热牛奶。加入蛋黄液，煮至83摄氏度。一并倒入吸水膨胀的鱼胶和巧克力中，用手持料理棒打匀，冷却至25摄氏度。用厨师机打发淡奶油，拌入上述度丝巧克力焦糖蛋奶酱中，倒在直径6厘米的六连半球形硅胶模具中，冷冻2小时。剩余的蛋奶酱冷藏1小时。

组装和装饰

在泡芙的平底处开孔，酥皮面朝下摆放。在泡芙中注入剩余的冷藏度丝巧克力焦糖蛋奶酱，再塞入百香果杧果半球。在泡芙平面放上牛奶巧克力圆片，将半球形度丝巧克力焦糖蛋奶酱放在圆片上，形成圆拱形。裱花袋放入104号裱花嘴，用厨师机打发甘纳许，放入裱花袋中。将泡芙整体移至裱花台中央，在牛奶巧克力圆片上用裱花袋挤出陀飞轮（参照第184页）。用牛奶巧克力细丝、百香果肉、杧果色镜面果胶滴和金箔做装饰。

原料

制作12杯　准备时间：2小时　烘烤时间：32分钟　冷藏时间：12小时+3小时

度丝巧克力打发甘纳许（提前1天制作）

淡奶油73克
葡萄糖浆8克
法芙娜度思调温金黄巧克力100克
冷藏淡奶油185克

甜味饼皮

黄油90克
中筋面粉（T55）140克
细砂糖27克
精盐0.5克
杏仁糖粉50克
全蛋液25克

红糖黄油酥皮

软化黄油50克
粗红糖30克
细砂糖25克
面粉60克

泡芙面团

牛奶125克
黄油55克
精盐2克
中筋面粉（T55）67克
蛋黄125克

热带水果酱

杧果肉100克
香蕉果肉20克
菠萝果肉30克
百香果汁15克
香草荚1/4根
细砂糖33克
吉利丁粉6克

爆米花

玉米粒70克
葵花籽油10克
细砂糖15克

爆米花焦糖蛋奶酱

鱼胶粉2克
纯净水14克
全脂牛奶150克
淡奶油100克
爆米花25克
细砂糖30克
蛋黄20克
细砂糖10克
法芙娜欧帕丽斯调温白巧克力30克
黄油50克
淡奶油少量

香草焦糖酱

淡奶油160克
香草荚半根
细砂糖150克
葡萄糖浆18克
黄油30克

硬焦糖

细砂糖150克
葡萄糖浆25克
纯净水25克

装饰

直径5厘米的牛奶巧克力圆片12片（参照第186页）
爆米花少量
牛奶巧克力细丝（参照第187页）

工具

甜点杯12个
直径15毫米的圆形切模1个
直径2.5厘米的圆形切模1个
裱花袋
直径12毫米的圆形裱花嘴1个
泡芙裱花嘴1个
104号裱花嘴1个
电动裱花台1个

焦糖爆米花杯

步骤

度丝巧克力打发甘纳许（提前1天制作）

在锅中加热淡奶油和葡萄糖浆，倒在巧克力中，用手持料理棒打匀。加入冷藏淡奶油，再次打匀，冷藏12小时。

甜味饼皮

烤箱预热至175摄氏度。参照第176页方法制作甜味饼皮面团。将面团擀至3毫米厚，切出12片杯口大小的饼皮，并用直径15毫米的圆形切模在饼皮中央挖空，在饼皮上、下各铺一张硅胶垫，烤12分钟。

红糖黄油酥皮

将软化黄油、粗红糖和细砂糖拌匀，加入过筛面粉。烤盘中铺油纸，将酥皮面团擀至极薄，再盖一层油纸，冷藏1小时。

泡芙面团

烤箱预热至165摄氏度。锅中加热牛奶、黄油和精盐，煮至轻微冒泡，一次性加入过筛的中筋面粉，迅速拌匀，以便让面团尽快干燥。离火，逐步加入蛋黄液，以便让面团逐步湿润。裱花袋中放入直径12毫米的圆形裱花嘴，放入面团，在烤盘上挤出直径3厘米的面团。用直径2.5厘米的圆形切模将冷藏的红糖黄油酥皮切成圆片，放在泡芙面团表面，烤20分钟。

热带水果酱

将细砂糖和吉利丁粉混匀。锅中加入所有果肉、百香果汁和从香草荚中刮下的香草籽，加入细砂糖和吉利丁粉，煮至沸腾。冷藏1小时。

爆米花

烤箱预热至160摄氏度。锅中放入玉米粒和葵花籽油，盖上锅盖加热形成爆米花。加入细砂糖拌匀。

爆米花焦糖蛋奶酱

烤盘铺上硅胶垫，将爆米花铺在烤盘中，烤10分钟以干燥。将鱼胶粉泡于纯净水中，锅中加热全脂牛奶和淡奶油，放入烤好的爆米花，离火，盖上锅盖，浸渍5分钟。过滤一次，再加入少量淡奶油以补充至加热前的分量。另起一锅，干炒细砂糖至变为焦糖色，离火，掺入上述爆米花热奶油，重新放回火上。蛋黄加细砂糖轻微打发至发白。将蛋黄倒入热奶油中煮沸，一并倒在吸水膨胀的鱼胶和巧克力中。冷却至40摄氏度，加入黄油，用手持料理棒打匀。

香草焦糖酱

锅中加热淡奶油和从香草荚中刮下的香草籽，离火，盖上锅盖，浸渍5分钟，过滤一次。另起一锅，干炒细砂糖和葡萄糖浆至变为焦糖色，离火，掺入上述香草热奶油，继续煮至103摄氏度，加入黄油，用手持料理棒打匀。

硬焦糖

在组装之前，将硬焦糖的所有原料混匀，煮至呈金黄色焦糖（温度约180摄氏度）。

组装和装饰

将热带水果酱打匀，铺在甜点杯底部。取一半的爆米花焦糖蛋奶酱倒在杯中的果酱表面，一并冷藏1小时。裱花袋中放入泡芙裱花嘴，将剩余的爆米花焦糖蛋奶酱倒入裱花袋中，冷藏备用。冷却后，在泡芙底部开孔，挤入爆米花焦糖蛋奶酱，将泡芙泡在热的焦糖中沾满焦糖。取出甜点杯，在杯中的爆米花焦糖蛋奶酱表面倒入薄薄一层香草焦糖酱。用热的焦糖将甜味饼皮和泡芙的平面粘紧，泡芙朝下，在杯口放入饼皮。裱花袋放入104号裱花嘴，用厨师机打发甘纳许，将苦纳许倒入裱花袋。将牛奶巧克力圆片放在裱花台上，在表面挤出甘纳许陀飞轮（参照第184页）。将陀飞轮巧克力片放在甜点杯的饼皮上，用爆米花和牛奶巧克力细丝做装饰。

苹果开心果慕斯

原料

制作12个慕斯　准备时间：2小时30分钟　烘烤时间：27～32分钟　冷冻时间：4小时

香草松脆油酥沙布雷饼底

半盐黄油92克
杏仁糖粉53克
全蛋液12克
中筋面粉（T55）87克
酵母粉2克

开心果椰子托卡多雷蛋糕

糖粉125克
杏仁粉40克
开心果粉60克
土豆淀粉19克
蛋白100克
开心果膏33克
擦丝椰肉30克
蛋白90克
细砂糖50克
黄油100克

苹果啫喱

鱼胶粉3.5克
纯净水24.5克
苹果果茸100克
纯净水75克
青柠汁20克
苹果利口酒（Manzana®）①20克
细砂糖15克

青柠苹果蛋奶酱

鱼胶粉4克
纯净水28克
青苹果果茸117克
纯净水55克
苹果利口酒22克
全脂牛奶32克
青柠1个，仅取皮屑
全蛋液164克
细砂糖100克
青柠汁36克
黄油183克
淡奶油220克

绿色巧克力

法芙娜欧帕丽斯调温白巧克力250克
可可脂（调成黄色）4克
可可脂（调成绿色）2克

绿色镜面果胶

无色镜面果胶500克
香草荚1根
绿色色素少量

装饰

切片的新鲜青苹果
擦丝椰肉
银箔

工具

40厘米×30厘米烤盘1个
直径7.5厘米和直径6厘米的圆形切模各1个
直径5厘米的圆饼形硅胶模具12个
直径8厘米的挞圈12个
直径8厘米的六连陀飞轮模具2个（Silikomart®）

---

①译注：发源于西班牙巴斯克地区。

步骤

香草松脆油酥沙布雷饼底

烤箱预热至160摄氏度。参照第178页方法制作沙布雷面团。将面团擀至3毫米厚，用直径7.5厘米的圆形切模切出12片圆形饼皮，烤12分钟。

开心果椰子托卡多雷蛋糕

烤箱预热至170摄氏度。参照第179页方法制作托卡多雷蛋糕糊，并省去香草，在100克蛋白糊中拌入开心果膏和擦丝椰肉。烤盘铺上硅胶垫，将面糊铺在烤盘中，烤15～20分钟。出炉后，用直径6厘米的圆形切模切出12片圆形蛋糕片，冷却备用。

苹果啫喱

将鱼胶粉泡于24.5克的纯净水中。锅中加热苹果果茸和75克纯净水，过滤至青柠汁和苹果利口酒中。取1/3上述混合物，加细砂糖加热溶化后，加入吸水膨胀的鱼胶，倒回剩余的2/3苹果泥中拌匀。在每个直径5厘米圆饼形硅胶模具中倒入10克苹果啫喱，冷冻2小时。

青柠苹果蛋奶酱

将鱼胶粉泡于28克的纯净水中。将55克纯净水和青苹果果茸拌匀，过滤至苹果利口酒中，形成苹果酒汁，冷藏备用。锅中加热全脂牛奶和青柠皮屑。蛋黄加细砂糖轻微打发至发白，将热全脂牛奶过滤至蛋黄液中。锅中加热苹果酒汁和青柠汁，避免沸腾，将其拌入上述蛋黄牛奶中，煮至沸腾。加入吸水膨胀的鱼胶，冷却至45摄氏度，加入黄油，用手持料理棒打匀。用厨师机打发淡奶油，拌入上述青柠苹果蛋奶酱中。

绿色巧克力

参照第186页方法制作巧克力圆环和直径8厘米的巧克力圆片，并加入绿色和黄色可可脂。

组装和装饰

将开心果椰子托卡多雷蛋糕片放入直径8厘米的挞圈中央，并将冷冻的苹果啫喱放在蛋糕圆片表面（A）。用青柠苹果蛋奶酱填满挞圈，刮平（B）。将剩余的青柠苹果蛋奶酱倒入陀飞轮硅胶模具，将挞圈和陀飞轮模具冷冻2小时。将步骤A、B制成的圆饼形慕斯脱模后，放在沙布雷饼底上（C）。用巧克力圆环将圆饼形慕斯围起。将陀飞轮脱模，喷上绿色镜面果胶，放在巧克力圆片上，并将整体移至圆饼形慕斯表面（D）。用切片的新鲜青苹果、擦丝椰肉和银箔做装饰。

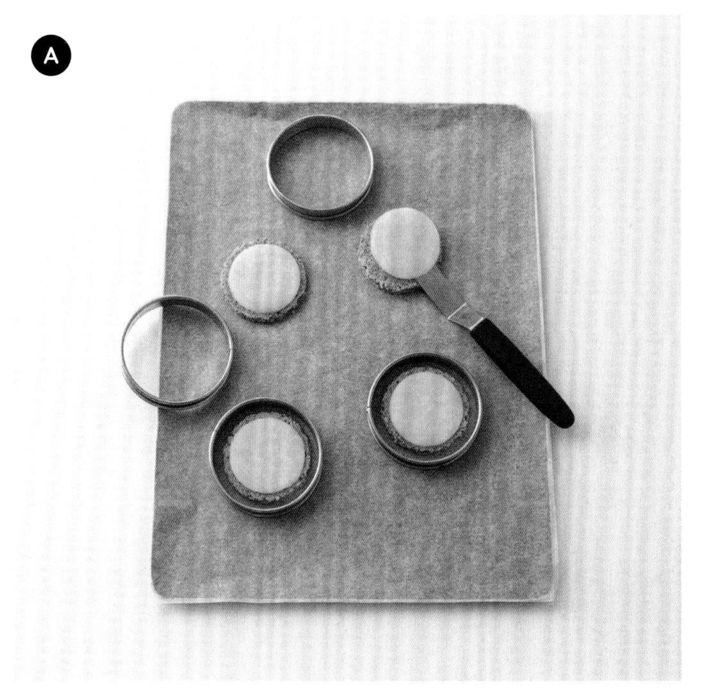

将托卡多雷蛋糕片放入直径8厘米的挞圈中央，并将冷冻的苹果啫喱放在蛋糕圆片表面。

用青柠苹果蛋奶酱填满挞圈，刮平。

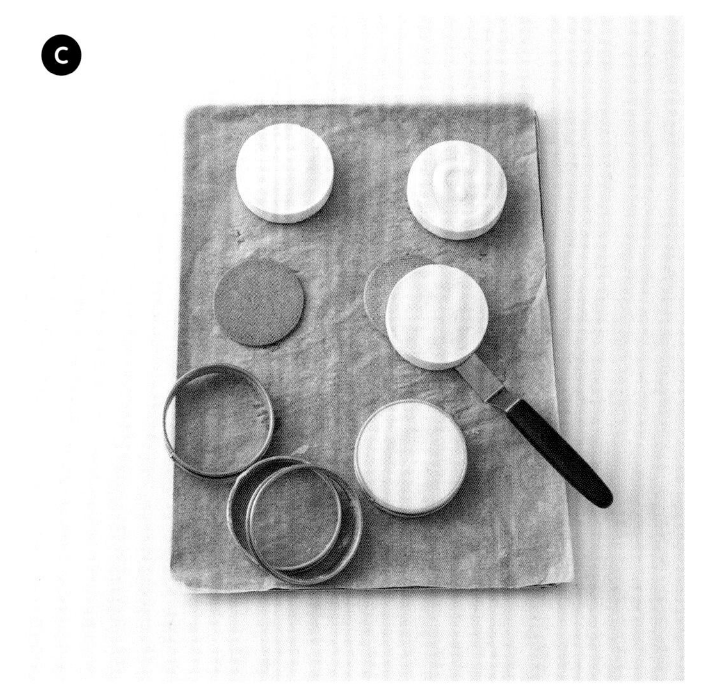

将步骤A、B制成的圆饼形慕斯脱模后，放在沙布雷饼底上。

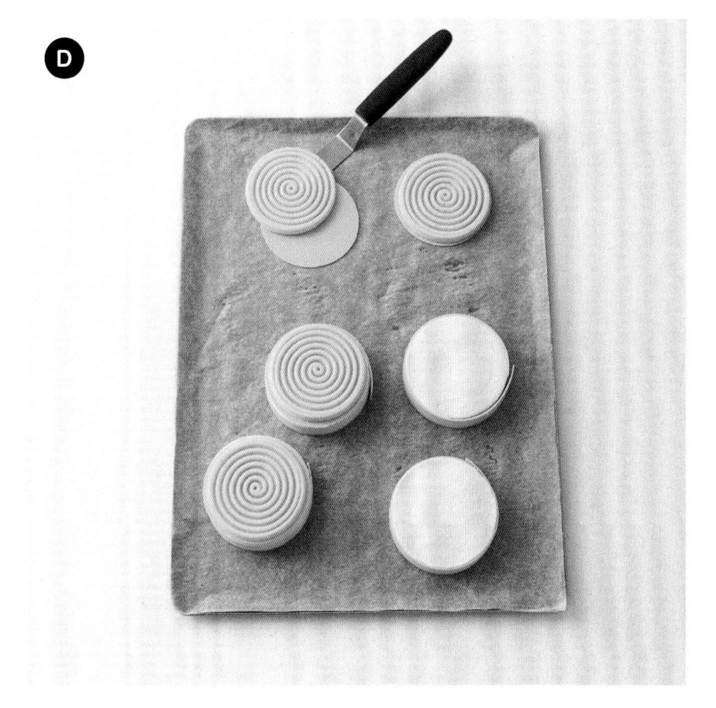

将陀飞轮脱模，喷上绿色镜面果胶，放在巧克力圆片上，并将整体移至圆饼形慕斯表面。

原料

制作8个小蛋糕　准备时间：2小时　烘烤时间：22分钟　冷藏时间：12小时+30分钟　冷冻时间：4小时

粉白色淋面（提前1天制作）
鱼胶粉4克
纯净水28克
土豆淀粉10克
搅打奶油187克
无糖炼乳62克
细砂糖75克
法芙娜欧帕丽斯调温白巧克力37克
天然粉色色素（E120）少量

沙布雷黄油酥饼底
软化黄油100克
中筋面粉（T55）125克
糖粉55克
蛋黄8克
有机柠檬半个，仅取皮屑
有机橙子半个，仅取皮屑
盐之花2克
香草荚半根

荔枝蛋奶酱
蛋黄50克
细砂糖40克
荔枝果茸100克
搅打奶油150克
香草荚半根
X58果胶2克
苏荷荔枝利口酒（Soho®）12克

茉莉花茶托卡多雷蛋糕
杏仁糖粉240克
土豆淀粉10克
茉莉花茶茶粉4克
蛋清30克
全蛋液120克
擦丝椰肉60克
蛋清37克
细砂糖15克
融化黄油85克

红西柚覆盆子果酱
红西柚100克
覆盆子果茸62克
青柠汁12克
细砂糖25克
NH325果胶3克

茉莉花茶蛋奶酱
鱼胶粉5克
纯净水35克
淡奶油130克
茉莉花茶6克
蛋黄25克
细砂糖27克
搅打奶油325克
淡奶油少量

粉色绒面喷砂酱
法芙娜欧帕丽斯调温白巧克力125克
可可脂125克
可可脂（调白色）70克
可可脂（调草莓红色）6克

粉色巧克力圆环
法芙娜欧帕丽斯调温白巧克力500克
可可脂（调白色）40克
可可脂（调草莓红色）2克

工具
直径8厘米的圆形切模1个
直径7厘米的圆形切模1个
六连陀飞轮硅胶模具1个（Silikomart®）
直径8厘米、高2厘米的慕斯圈8个
裱花袋
直径6毫米的圆形裱花嘴1个

装饰
粉色巧克力细丝
镜面果胶滴
银箔

荔枝茉莉花果茶慕斯

在淋面中加入一撮天然粉色色素拌匀，冷藏12小时。

在每片托卡多雷蛋糕片上挤出18克果酱。

将铺有红西柚覆盆子果酱的蛋糕片放在直径8厘米的慕斯圈中央，在慕斯圈中挤满茉莉花茶蛋奶酱，刮平。

将茉莉花茶慕斯脱模后，放在沙布雷饼底上。

将整体移至烤架上，底部放烤盘。将粉白色淋面汁加热至23摄氏度，浇在慕斯和饼底上。

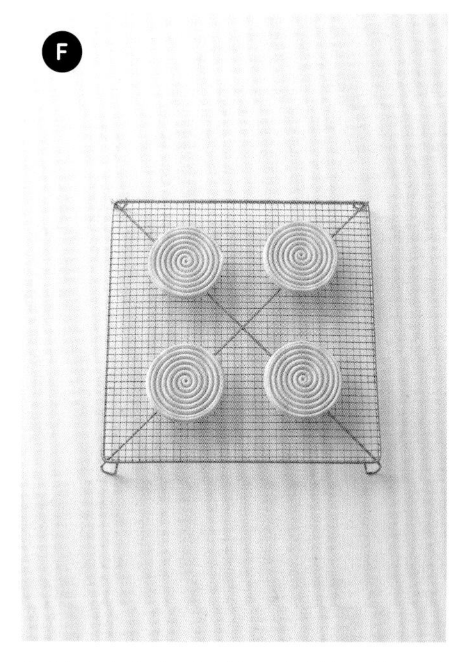

将荔枝蛋奶酱陀飞轮脱模，喷上粉色绒面，放在慕斯表面。

步骤

粉白色淋面（提前1天制作）

将鱼胶粉泡于纯净水中。在土豆淀粉中加入少许搅打奶油稀释。锅中加热剩余的搅打奶油、无糖炼乳和细砂糖，拌入稀释的淀粉奶油，整体呈浓稠状。拌入吸水膨胀的鱼胶，倒入巧克力中。加入一撮天然粉色色素拌匀，冷藏12小时 (A)。

沙布雷黄油酥饼底

烤箱预热至165摄氏度。参照第177页方法制作沙布雷黄油酥面团。擀至3毫米厚，用直径8厘米的圆形切模切出8片圆形面皮。在面皮上、下各铺一张硅胶垫，烤10分钟，冷却备用。

荔枝蛋奶酱

蛋黄加入2/3的细砂糖轻微打发至发白。将剩余的细砂糖和X58果胶拌匀。锅中加热荔枝果茸、搅打奶油和从香草荚中刮下的香草籽，倒入蛋黄液，煮至83摄氏度。加入X58果胶和细砂糖，用手持料理棒打匀后，加入苏荷荔枝利口酒，再次打匀。在每个陀飞轮模具中倒入25克荔枝蛋奶酱，冷冻2小时。

茉莉花茶托卡多雷蛋糕

烤箱预热至165摄氏度。用厨师机将杏仁糖粉和土豆淀粉拌匀，加入茉莉花茶茶粉、30克蛋清和全蛋液拌匀。加入擦丝椰肉，无须搅拌。用厨师机打发37克蛋清，加入细砂糖，打发至硬性发泡，蛋白呈反光状态。用刮刀将蛋白糊轻轻拌入上述茉莉花蛋糊中，加入融化黄油拌匀。烤盘铺上硅胶垫，倒入蛋糕糊，烤12分钟。冷却后切出8片直径7厘米的蛋糕片。

红西柚覆盆子果酱

将红西柚切成小块，用手持料理棒将西柚块、覆盆子果茸和青柠汁搅打均匀。将细砂糖和NH325果胶拌匀。锅中加热果肉至40摄氏度，加入细砂糖和NH325果胶，煮至沸腾，倒入盆中，冷却后再次打匀。裱花袋中放入直径6毫米圆形裱花嘴，倒入果酱。在每片托卡多雷蛋糕片上挤出18克果酱 (B)。冷藏30分钟。

茉莉花茶蛋奶酱

将鱼胶粉泡于纯净水中。锅中加热130克淡奶油和6克茉莉花茶，离火，浸渍5分钟，过滤1次，加入少量淡奶油以补充至加热前的分量，重新放回火上。蛋黄加细砂糖轻微打发至发白，倒入锅中，煮至85摄氏度。倒在吸水膨胀的鱼胶上，冷却至35摄氏度。用厨师机打发搅打奶油，将其拌入上述茉莉花蛋奶酱中。冷藏备用。

粉色绒面喷砂酱

将粉色丝绒喷砂酱所有原料混匀加热至40摄氏度。

粉色巧克力圆环

参照第186页方法制作粉色巧克力圆环，并加入粉色可可脂，冷却备用。

组装和装饰

将铺有红西柚覆盆子果酱的蛋糕片放在直径8厘米的慕斯圈中央，在慕斯圈中挤满40克茉莉花茶蛋奶酱，刮平 (C)，冷冻2小时。将茉莉花茶慕斯脱模后，放在沙布雷黄油酥饼底上 (D)，并将整体移至烤架上，底部放烤盘。将粉白色淋面汁加热至23摄氏度，浇在慕斯和饼底上 (E)。将荔枝蛋奶酱陀飞轮脱模，喷上粉色绒面，放在慕斯表面 (F)。用粉色巧克力圆环围住慕斯。在陀飞轮上用粉色巧克力细丝、镜面果胶滴和银箔做装饰。

基底及装饰

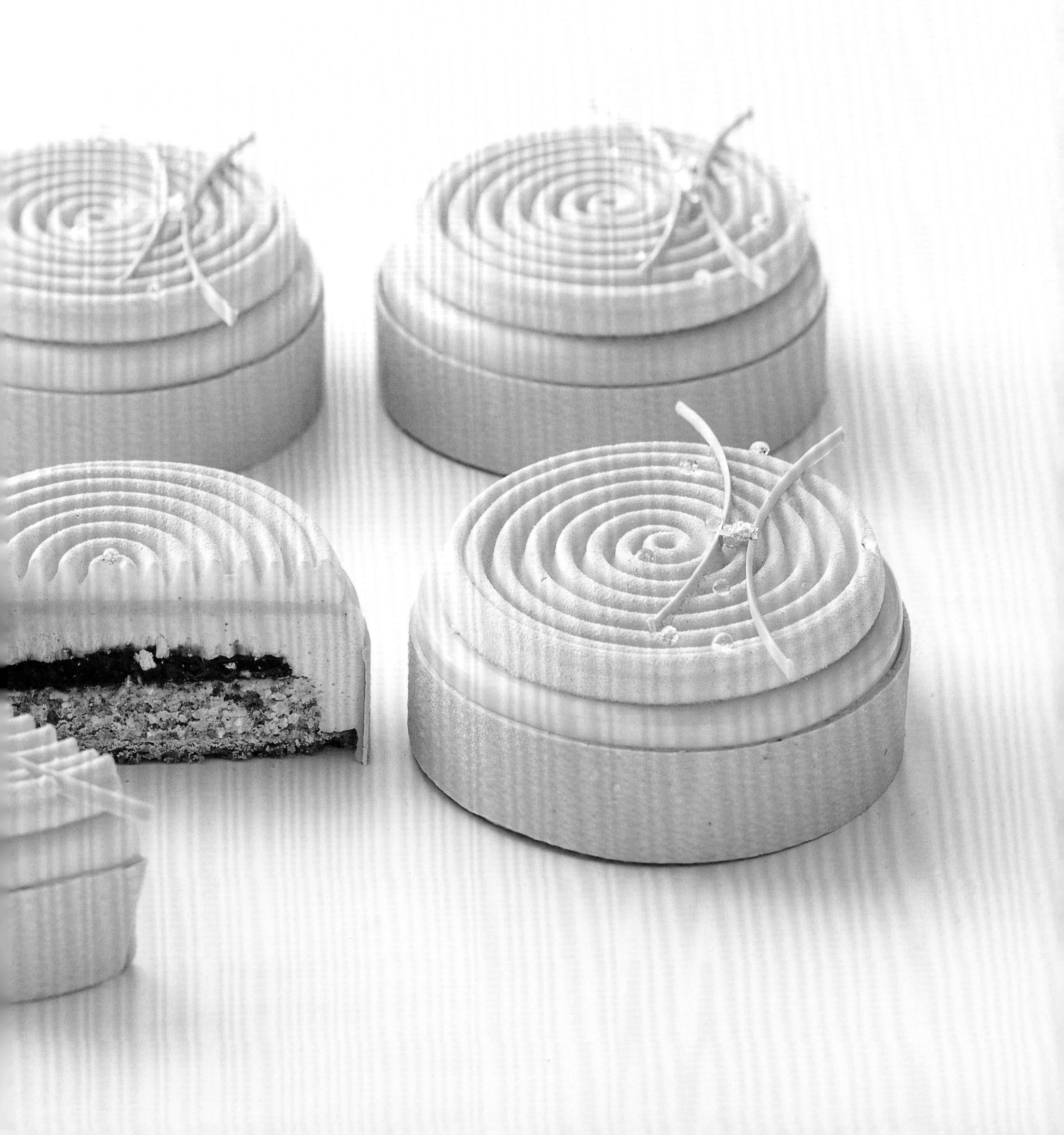

柠檬甜脆挞皮面团①

制作300克
准备时间：10分钟　冷藏时间：30分钟

原料

黄油90克
中筋面粉（T55）140克
细砂糖27克
半个有机黄柠檬的皮屑
精盐0.5克
杏仁糖粉②50克
全蛋液25克

工具

厨师机1台，附搅拌配件

步骤

(A) 将黄油切成小块，与中筋面粉混合，形成沙状质地。
(B) 加入细砂糖、有机黄柠檬皮屑、精盐和杏仁糖粉。
(C，D) 加入全蛋液搅拌片刻，动作需轻柔，勿使面团起筋。
(E) 将面团裹上保鲜膜，冷藏30分钟。
(F) 面团取出后放在油纸上，再覆盖一层油纸，压平至所需厚度。面团切分后可放入模具底部，修边。

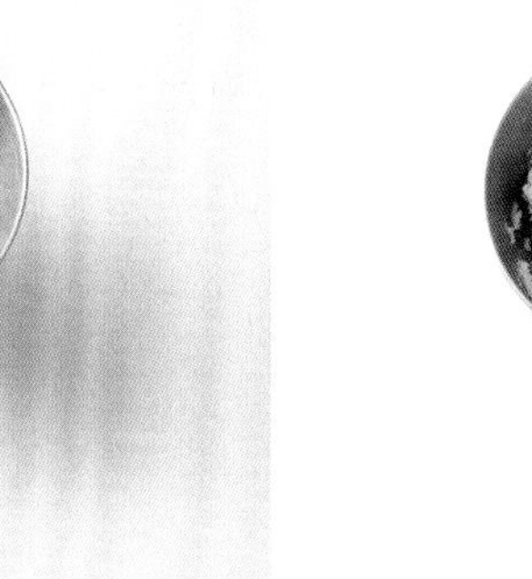

①译注：法国甜点中所用挞皮面团分为两类：一为脆挞皮（Pâte brisée），二为千层酥皮（Pâte feuilletée）。甜脆挞皮（Pâte sucrée）为脆挞皮之一，是19世纪法国甜点师安东尼·卡雷姆（Antonin Carême）首创的质地更加香脆的饼底，比脆挞皮的配方含糖量高。
②译注：杏仁糖粉，即50%杏仁粉和50%糖粉过筛后的混合粉，即25g杏仁粉和25g糖粉。此为众多法国甜点的基础原料，如马卡龙、费南雪、玛德琳蛋糕等，法语称为“le tant pour tant”，意为两种粉应“一样多”。

沙布雷黄油酥饼底

制作300克
准备时间：10分钟　冷藏时间：30分钟

工具

厨师机1台，附搅拌配件

原料

软化黄油100克
糖粉55克
香草荚半根
柠檬皮屑半个
橙子皮屑半个
盐之花2克
中筋面粉（T55）125克
蛋黄8克

步骤

(A) 将糖粉和软化黄油混合。
(B) 加入从香草荚中刮下的香草籽、柠檬皮屑和橙子皮屑，加入盐之花。
(C) 加入中筋面粉和蛋黄。
(D) 轻柔地混合成团，勿用力挤压。将面团裹上保鲜膜，冷藏30分钟。
(E，F) 面团取出后放在油纸上，再覆盖一层油纸，压平至所需厚度。切分后可将面皮放入模具底部，修边。

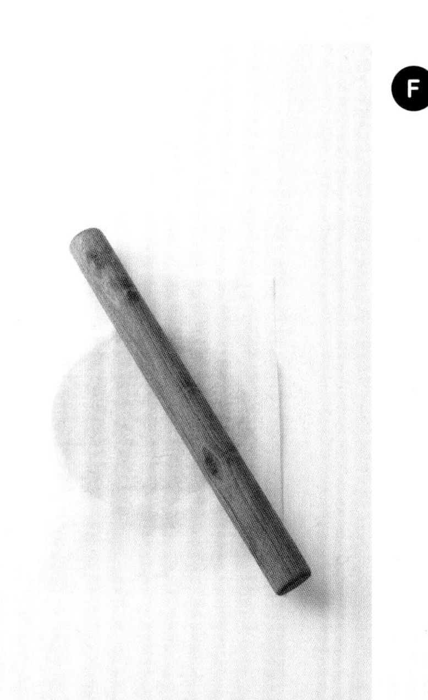

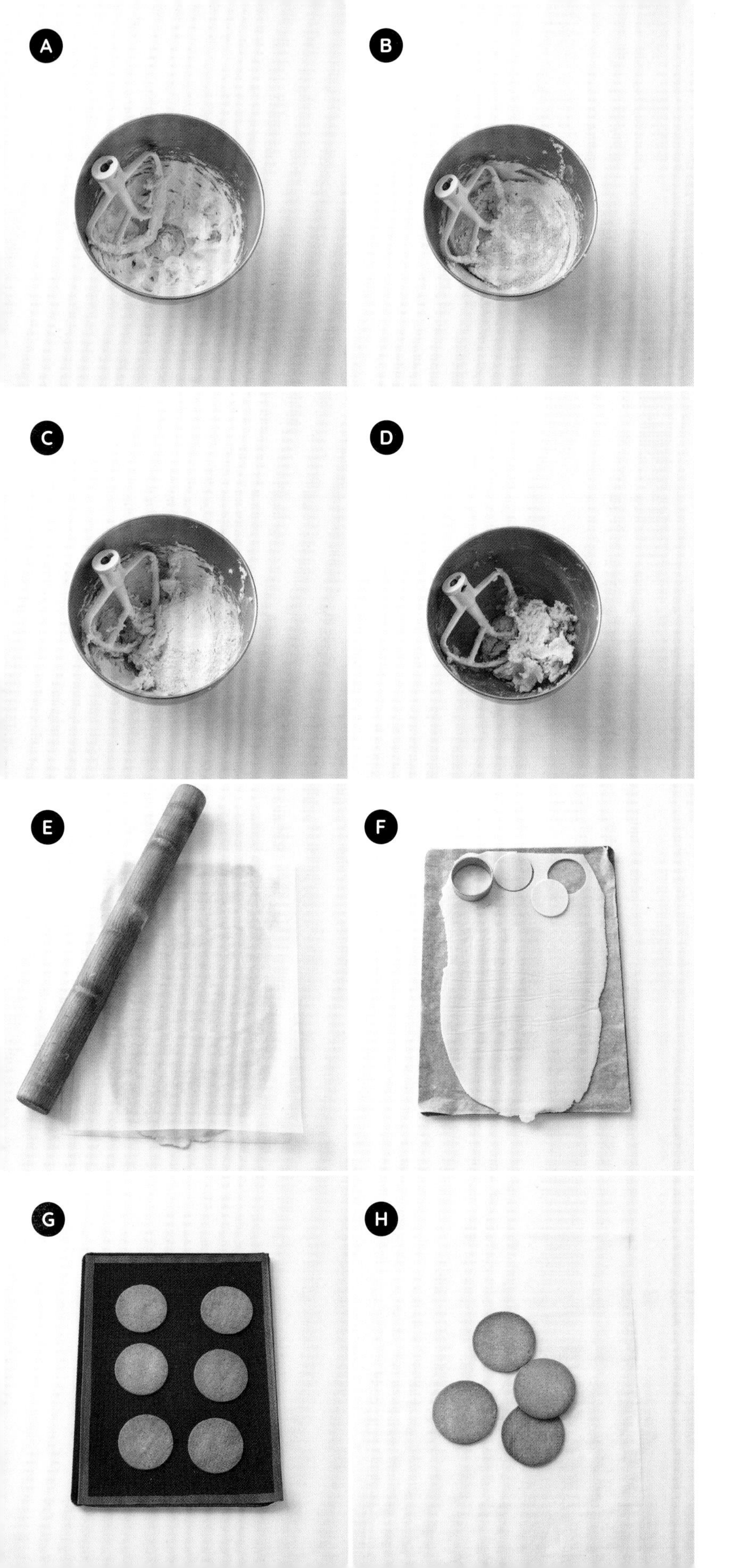

松脆油酥沙布雷饼底[①]

制作300克
准备时间：10分钟　冷藏时间：1小时

工具

厨师机1台，附搅拌配件

原料

软化的半盐黄油[②] 92克
杏仁糖粉53克
全蛋液12克
中筋面粉（T55）87克
酵母粉2克

步骤

(A) 用搅拌配件将软化黄油打发。
(B) 筛入杏仁糖粉，加入全蛋液。
(C，D) 筛入中筋面粉和酵母粉，搅拌成团。将面团裹上保鲜膜，冷藏1小时。
(E) 面团取出后放在油纸上，再覆盖一层油纸，压平至所需厚度。
(F) 用所需模具切分面皮。
(G，H) 将切分的面皮放在硅胶垫上，并覆盖一张硅胶垫一起烘烤。

---

①译注：松脆油酥沙布雷饼底（Sablé）为脆挞皮（Pâte brisée）之一，由甜脆挞皮（Pâte sucrée）衍生而来，其含糖量比甜脆挞皮更高，并加入酵母粉或泡打粉。
②译注：软化的半盐黄油（包含生黄油、细黄油、极细黄油、原产地保护认证黄油、有机黄油等品种）分为三类：淡味黄油、半盐黄油和咸黄油。淡味黄油不含盐，半盐黄油含0.5%～3%盐分，咸黄油含盐量大于3%。其中盐的形态可有精盐或结晶的粗盐，以带来颗粒感和脆感。

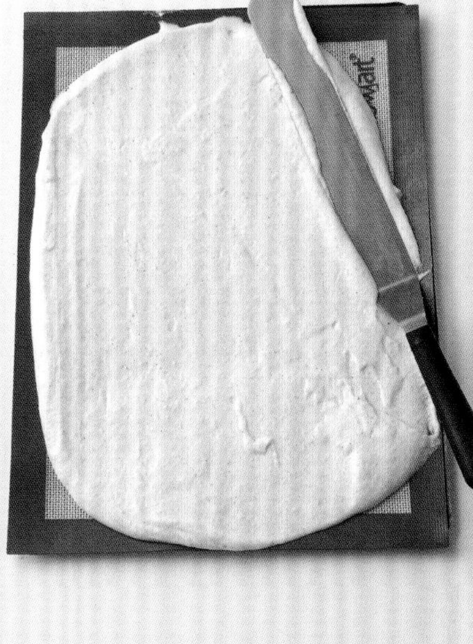

托卡多雷蛋糕

制作550克
准备时间：10分钟

工具

厨师机1台，附搅拌配件

原料

杏仁糖粉241克
香草荚半根
淀粉16克
蛋清80克
蛋黄10克
蛋清80克
细砂糖44克
融化黄油93克

步骤

(A) 将淀粉筛入杏仁糖粉中混合。
(B) 加入从香草荚中刮下的香草籽，加入蛋黄及第一份蛋清。
(C) 将第二份蛋清稍微打发后，加入细砂糖，打发至硬性发泡，蛋白呈反光状态。将打发蛋白倒入上一份混合物中。从打发缸中取其中一部分，加入融化黄油后，再倒回打发缸中。
(D) 在烤盘中铺上硅胶垫后，倒入混合物，抹平。以165摄氏度烤12分钟。

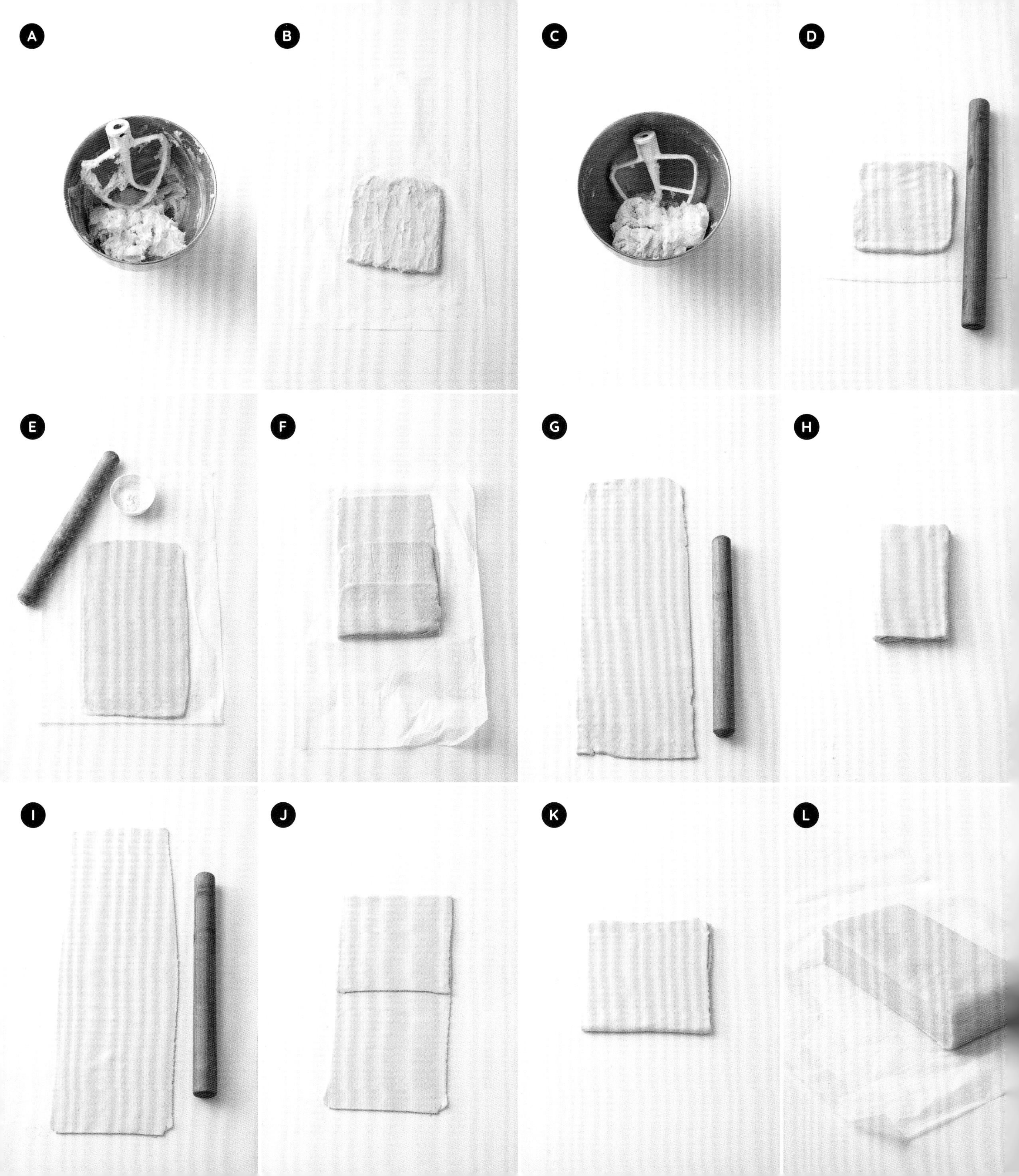
A
B
C
D
E
F
G
H
I
J
K
L

反转千层酥皮[1]

制作1300克
准备时间：1小时　冷藏时间：4小时

工具

厨师机1台，附搅拌配件
擀面杖1根

原料

黄油面团[2]：

软化黄油450克
中筋面粉（T55）180克

纯面团：

中筋面粉（T55）420克
盐16克
纯净水170克
白醋[3]4克
软化黄油135克

步骤

黄油面团：

(A) 将软化黄油和中筋面粉放入厨师机，装上搅拌配件，搅拌形成均匀面团。
(B) 将面团放在油纸上，擀压成40厘米×25厘米的方形面团，冷藏1小时。

纯面团

(C) 将中筋面粉和盐放入厨师机，装上搅拌配件。加入纯净水、白醋及软化黄油，搅拌形成均匀的面团。
(D) 将面团放在油纸上，擀压成20厘米×20厘米的正方形面团，冷藏1小时。

层次折叠

(E) 在黄油面团上撒上一层薄薄的面粉，将黄油面团擀至纯面团的2倍长（即40厘米×20厘米）。
(F) 将纯面团放在黄油面团正中间，对齐底边，并将黄油面团的多余上下部分向中间折叠，使其完全覆盖纯面团。
(G，H) 将整个面团旋转90度，将面团继续擀长，长为底边的3倍。将顶边往下，在三等分处折叠；底边往上折叠，使得上下部分在中间重叠。再次对折，此为“双折”折叠法（tour double）。
(I，J，K) 将面团旋转90度，继续擀长，长为底边的3倍。将顶边往下，在三等分处折叠；底边往上折叠，使得上下部分在中间重叠，此为“单折”折叠法（tour simple）。将面团冷藏1小时。
(L) 取出面团后，再次进行“双折”操作，之后“单折”操作，并冷藏1小时，将面团擀压、切分至所需大小。

---

①译注：反转千层酥皮，即内层为纯面团，外层为黄油面团，用黄油面团包裹纯面团。它与传统的千层酥构造相反，故称为“反转千层酥”。它提高了延展性，避免受热回缩。
②译注：黄油面团，意为“捏过的黄油”，在法餐中多用于增稠汤汁。
③译注：白醋的作用为抑制面粉中天然酶的作用，减缓面团的收缩，保证面团的延展性。

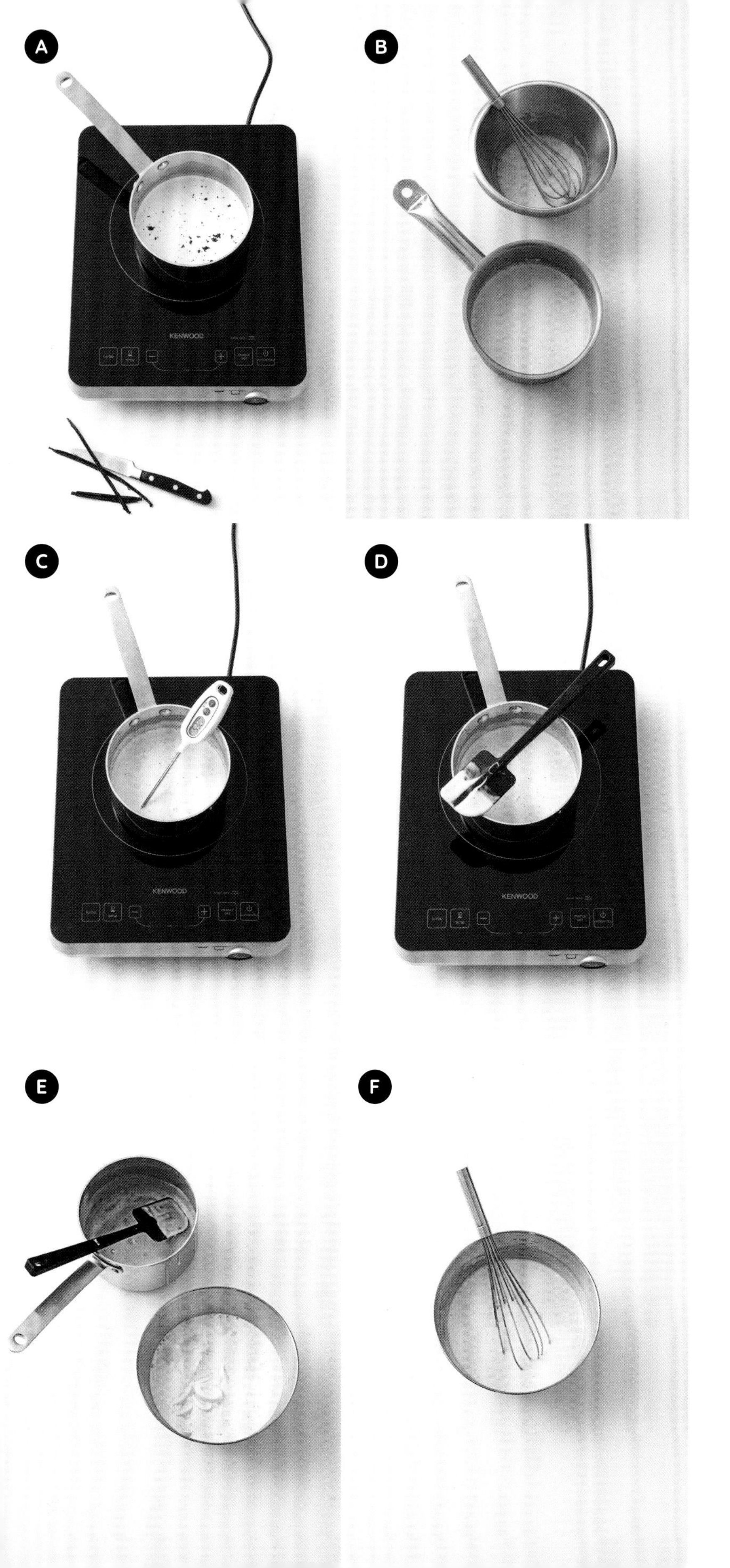

蛋奶酱

配方

制作250克

工具

打蛋盆1个
打蛋器1个
平底锅1个
刮刀1个

原料

准备时间：10分钟　静置时间：5分钟

鱼胶粉1.5克
纯净水10.5克
全脂牛奶75克
淡奶油75克
马达加斯加香草半根
蛋黄28克
法芙娜®欧帕丽斯伊芙瓦调温巧克力（33%）[①] 93克

步骤

将鱼胶粉放入冷水中软化，在锅中加热牛奶和淡奶油。

(A) 往锅中放入从香草荚中刮下的香草籽，离火，盖上锅盖，浸渍5分钟。

(B，C，D) 蛋黄打散后加入锅中，再次加热至83摄氏度，或加热至奶油可挂在刮刀上的黏稠度。

(E，F) 在盆中放入巧克力和鱼胶，将奶油过滤至盆中，用刮刀搅拌。

---

①译注：法芙娜欧帕丽斯伊芙瓦（33%）调温巧克力（黑巧、白巧或牛奶巧克力）需含有31%以上的可可脂，其对温度的敏感性更高，流动性和黏性更高，适用于巧克力加工（如调温、镜面制作等）。

打发甘纳许

配方

制作350克

工具

打蛋盆1个
打蛋器1个
平底锅1个
手持料理棒1个
厨师机1台，附打蛋器配件

原料

准备时间：15分钟　静置时间：4分钟　冷藏时间：12小时

鱼胶粉1克
纯净水7克
全脂牛奶50克
青柠半个
椰肉果茸35克
香草半根
法芙娜欧帕丽斯伊芙瓦调温巧克力（33%）130克
淡奶油135克

步骤

(A) 将鱼胶粉放入冷水中软化，锅中倒入牛奶，擦入青柠皮屑，放入从香草荚中刮下的香草籽，加热。
(B，C) 离火，盖上锅盖，浸渍4分钟，将牛奶过滤至椰肉果蓉中，搅匀，再倒入鱼胶和巧克力中。
(D，E) 混合均匀后，加入冷的淡奶油冷藏12小时。
(F) 用厨师机打发甘纳许。

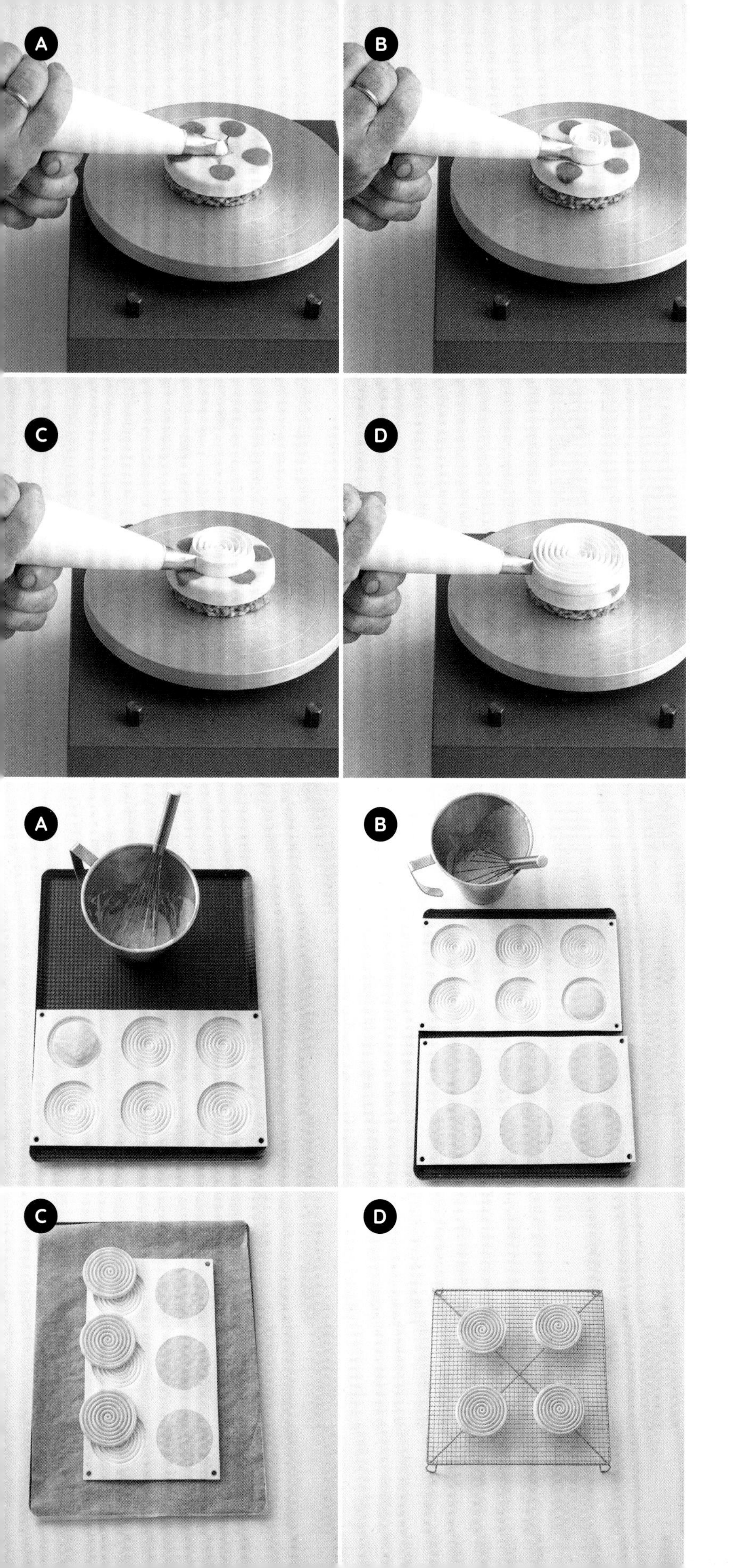

挤花陀飞轮

工具

裱花袋1个
电动裱花台或裱花台1个

步骤

(A) 将半成品放在裱花台中间，将裱花嘴放于半成品的中央位置，轻轻挤压，开始裱花。
(B，C，D) 将裱花袋的压力施加在上一圈奶油的表面，以便在糕点上均匀地覆盖每一圈奶油。

模具陀飞轮

工具

陀飞轮形硅胶模具（Silikomart®）

步骤

(A，B) 将配料倒入硅胶模具，轻轻震动，以排出大气泡。
(C) 冷冻3小时后脱模。
(D) 若还需喷砂，则将陀飞轮脱模后放在烤架上。

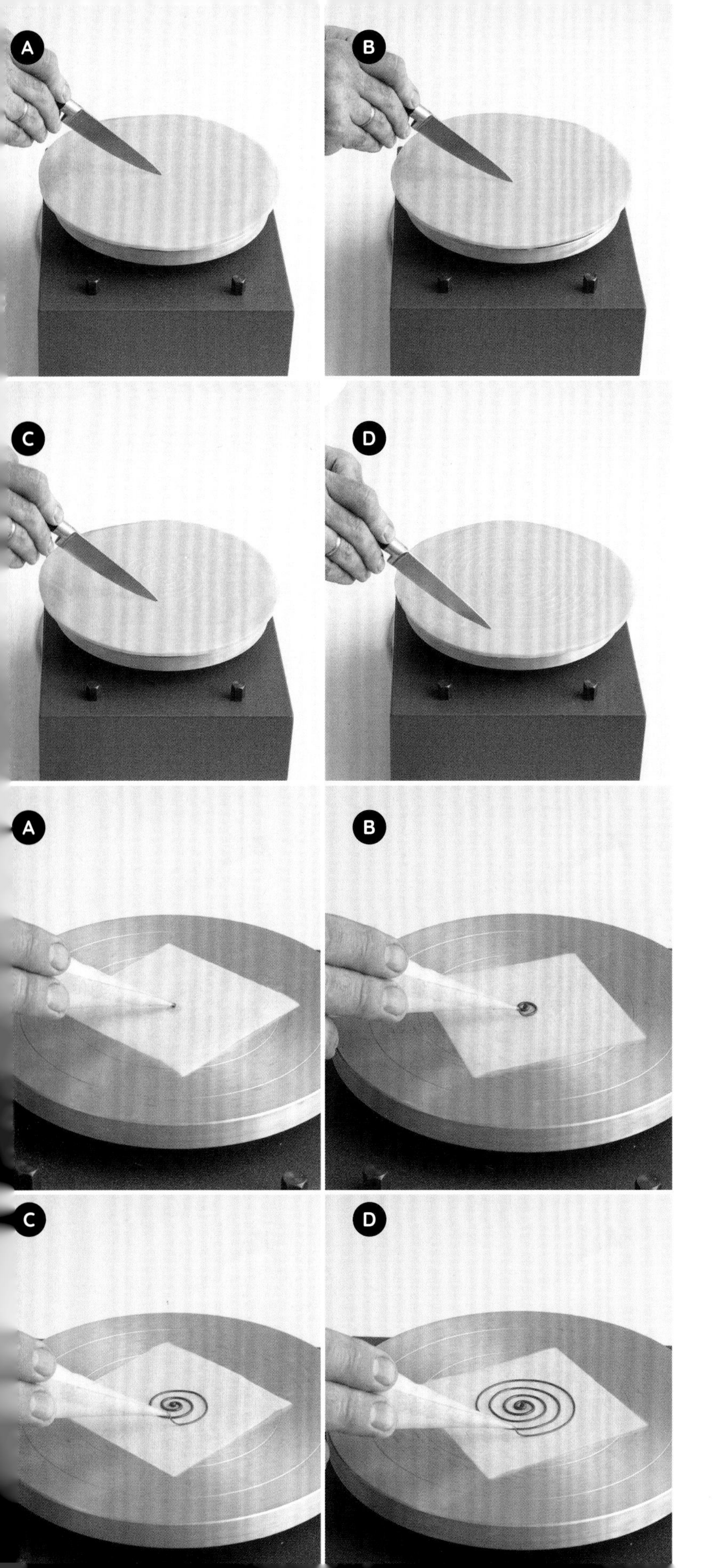

划纹陀飞轮

工具

裱花袋1个
小刀1把

步骤

(A) 将刷有蛋液的面皮放在裱花台中央。用刀锋尖锐一侧从面皮中心开始画出条纹。
(B，C，D) 尽可能均匀地移动刀锋，直至划满整张面皮。

巧克力陀飞轮

工具

油纸
锥形挤花袋1个
电动裱花台或裱花台1个

步骤

(A) 将油纸剪为8厘米×8厘米的大小。在锥形挤花袋中放入巧克力，在裱花台中间逐片放置裁好的油纸。
(B，C，D) 用均匀的力道挤压巧克力，以画出均匀的陀飞轮线条。在阴凉的环境中静置4小时，等待凝固（18摄氏度最适宜）。从陀飞轮中心处开始剥离，再将整个巧克力陀飞轮放在糕点上。

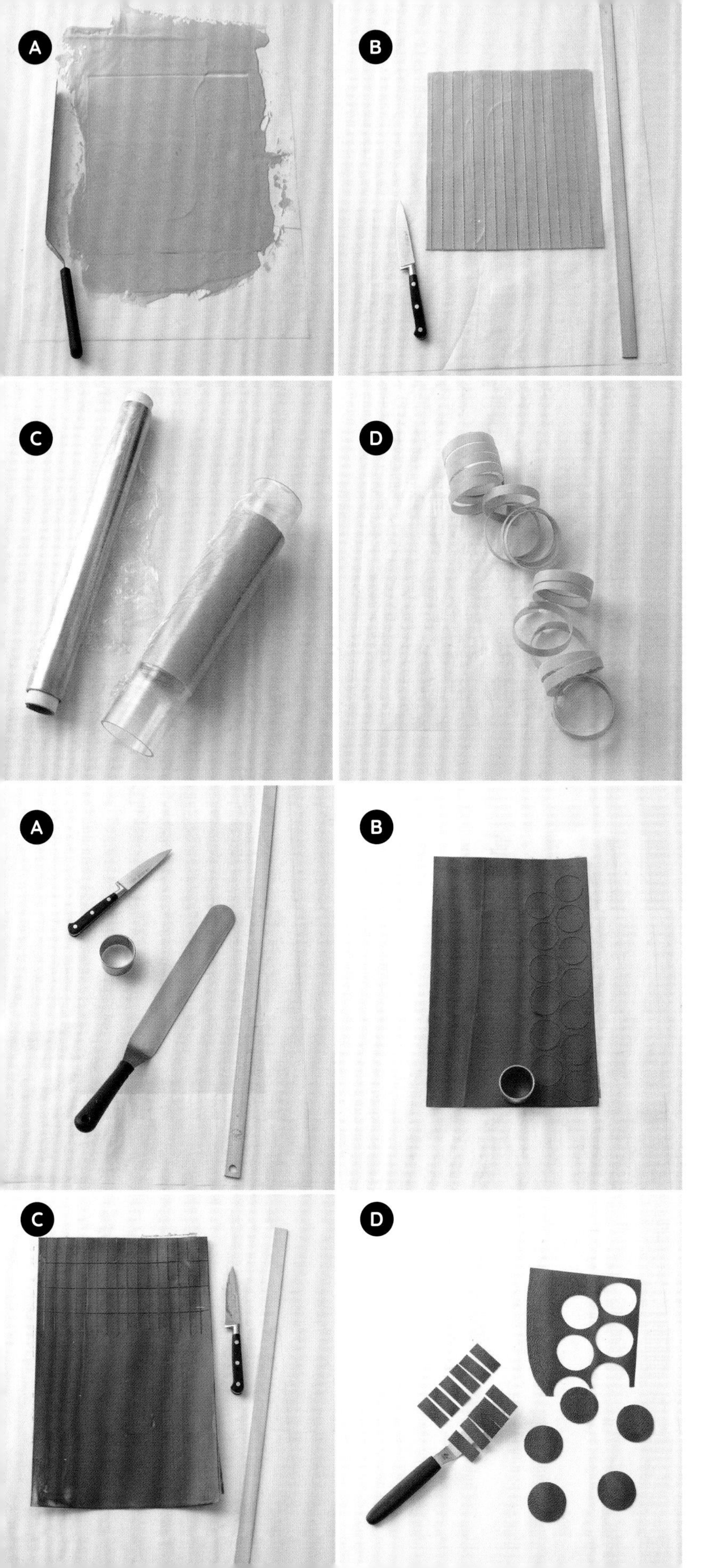

圆环

工具

围边（Rodhoïd®）
油纸
铲刀1把
小刀2把
尺子1把
直径8厘米的塑料管1根
保鲜膜

步骤

(A) 将巧克力均匀地薄涂在围边上。
(B) 当巧克力开始凝固时，用小刀在巧克力面上划出间隔2厘米宽的直线，在巧克力表面铺上油纸，油纸的尺寸应与围边一致。
(C，D) 用塑料管把整片巧克力卷起，在外层裹上保鲜膜，以便定形。在阴凉的环境中静置4小时（18摄氏度最适宜），等待凝固后脱模。

圆片和方片

工具

围边（Rodhoïd®）
油纸
铲刀1把
圆形切模（尺寸自定）或小刀1把
尺子1把
烤盘2个

步骤

(A) 准备工具。
(B，C) 将巧克力均匀地薄涂在围边上，当巧克力开始凝固时，用圆形切模或小刀在巧克力面上进行切分。
(D) 切分后将巧克力片铲起放在烤盘上，覆盖一层油纸，并将另一个烤盘底部压在油纸上，以压平巧克力表面。在阴凉的环境中静置4小时（18摄氏度最适宜），等待凝固后可以进一步切分。

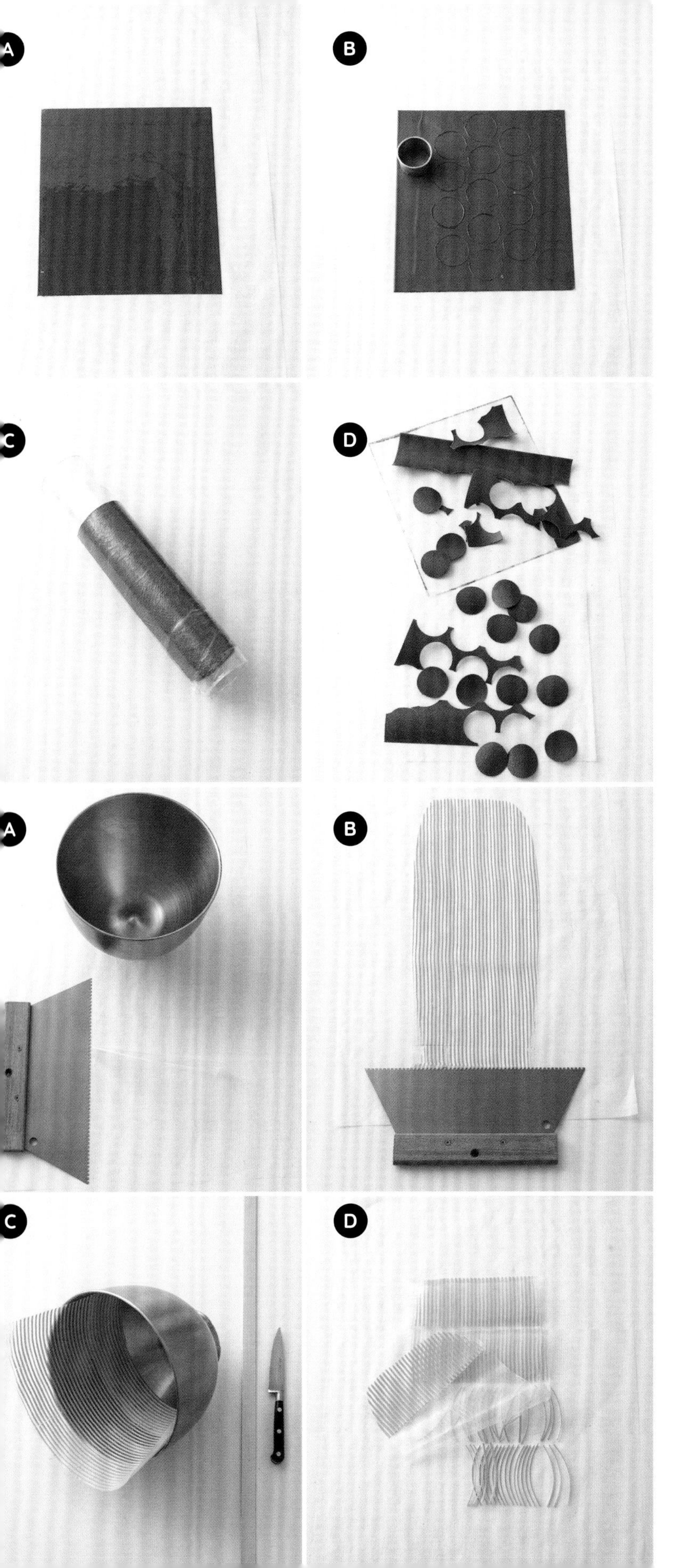

圆形瓦片

工具

围边（Rodhoïd®）
油纸
铲刀1把
圆形切模（尺寸自定）或小刀1把
尺子1把
直径10厘米的塑料管1个
保鲜膜

步骤

(A) 将巧克力均匀地薄涂在围边上。
(B) 当巧克力开始凝固时，用圆形切模或小刀在巧克力面上切分为所需形状，在巧克力表面铺上油纸，油纸的尺寸应与围边一致。
(C，D) 用塑料管把整片巧克力卷起，在外层裹上保鲜膜，以便定型。在阴凉的环境中静置4小时（18摄氏度最适宜），等待凝固后脱模。

细丝

工具

超薄围边①
油纸
齿形刮板1个
料理盆或打蛋盆1个
小刀1把
尺子把

步骤

(A，B) 将巧克力倒在超薄围边上抹平，用齿形刮板划出细丝条纹。
(C，D) 当巧克力开始凝固时，用小刀将细丝切成8厘米长，将整片巧克力围边放入料理盆的内壁。在清凉的环境中静置4小时（18摄氏度最适宜），等待凝固后可以进一步切分。

---

①译注：超薄围边，又称“吉他纸”，为食品级塑料制品，厚度为一般烘焙纸的1/5，质地柔软防粘，巧克力在超薄围边上凝固后呈细腻、光滑质感。

致谢

本书耗时将近1年，我引以为傲，也百般欣喜。因此，我谨向所有伙伴致谢，感谢他们为这本赏心悦目的作品所做的贡献。

首先，我的团队功不可没，在日复一日的工作中始终保持卓越的品质。我要感谢范妮·玛德朗热、维克托瓦尔·克里斯蒂尼、玛依·科瓦泽，尤其感谢我的副厨陈星纬，他陪伴我完成无数作品。

感谢摄影师洛朗·鲁弗雷，我十分欣赏他的光影艺术作品，他让镜头下的美食升华，并定格为永恒。

我的金牌助理奥拉泰·苏克西萨万，她在每一道工序上细心提点，并陪伴我完成每一个步骤，难以想象这是一项多么艰巨的工作。

感谢Silikomart硅胶模具品牌，通过丽塔女士向我提供制作部分甜点所需的模具。

我的挚友西尔维·阿玛尔，多年来不断发掘我甜点中的视觉个性和亮点，本书的精美图示中都闪烁着她的无限才华。

感谢我的家人，让我浸润在美好的烹饪理念中成长，尤其感谢我已故的母亲——玛丽-约瑟·布里，让我在糕点的甜蜜宠溺中，传承了她对甜味感知的敏锐力。

感谢我的夫人对我一如既往的支持，当然也不能忘了可爱的、嘴馋的孩子们，我的一些甜点深受孩子们的喜爱。

感谢Chêne出版社，尤其感谢海琳·赛文和奥德丽·热宁对我的信任，让我得以在此书中呈现我独创的甜点技艺，也感谢宫永梦奈为本书细心撰写配方。

法国埃沃克酒店集团也给予了我大力支持，其中艾玛纽埃尔·索瓦日先生与我在布拉赫酒店、诺林斯基酒店、罪人巴黎酒店和沃斯戈斯酒店共事4年多，让我有幸在布拉赫酒店旗下的甜点专营店冠名。

最后，我向所有甜点师朋友们以及法国最佳手工业者的大家庭致谢，他们在各个时代都镌刻下独一无二的手艺，同时发扬着甜点行业的匠人精神。

食材索引

B

八角 52

白奶酪 32

白芝麻粒 132

百香果 19, 38, 49, 52, 63, 82, 141, 161, 162

百香果利口酒 141

薄荷叶 23

碧根果 43, 74, 124, 137

波雷露红茶 23, 157

菠萝 52, 82, 132, 141, 162

C

草莓 16, 46, 127

橙子 71, 79, 93, 97, 115, 132, 137, 141, 170, 177

粗糖 32, 49, 141

F

番石榴 132

蜂蜜 20, 27, 32, 88, 118, 123, 129, 145

覆盆子 16, 23, 35, 67, 79, 85, 132, 157, 170

G

柑曼怡利口酒 97, 123

H

核桃粉 33

黑醋栗 16, 67, 79, 157

红石榴 35

黄柠檬 13, 16, 19, 20, 23, 27, 32, 35, 38, 49, 58, 63, 85, 102, 127, 153, 157, 176

黄杏 29, 153

火龙果 82

J

坚果夹心黑巧克力（吉安杜佳）74, 145

箭叶橙 63

君度橙酒 79

K

咖啡香精 55, 105

开心果粉 127, 167

可可类

可可粉 55, 67, 74, 105, 145

可可脂 23, 35, 38, 67, 71, 79, 82, 88, 93, 118, 124, 129, 132, 141, 157, 167, 170

L

朗姆酒 79, 99, 102

荔枝果茸 170

栗子膏，栗子酱 79, 102

炼乳 27, 43, 49, 58, 79, 110, 124, 129, 132, 148, 170

零陵香豆 43, 145

罗勒 52, 63, 153

M

马斯卡彭奶酪 27, 28, 32, 46, 55, 82, 99, 102, 105, 109

蔓越莓果肉 93

杧果 19, 38, 63, 71, 82, 88, 141

抹茶粉 132

茉莉花茶 170

N

奶油奶酪 55, 82

尼泊尔花椒 23

牛轧膏 28

P

苹果果茸 167

苹果利口酒 167

Q

巧克力类

金黄巧克力 19, 27, 58, 161, 162

白巧克力 16, 20, 23, 27, 35, 38, 49, 52, 63, 67, 71, 79, 93, 99, 109, 129, 132, 141, 145, 148, 153, 157, 162, 167, 170

牛奶巧克力 20, 27, 43, 49, 88, 110, 118, 124, 129, 137, 145, 161, 162

黑巧克力 20, 43, 55, 74, 88, 105, 145

青柠 13, 19, 38, 52, 63, 79, 82, 148, 153, 167, 183

R
日本山椒 38
日本柚子 13, 88
肉桂粉 93

S
桑葚 16
生姜 129, 148
松子 153
酥炸玉米片 145, 153

T
糖衣果仁 28, 35

W
无花果 58

X
西柚 23, 170
香草荚 16, 20, 23, 28, 32, 35, 46, 52, 55, 63, 67, 71, 79, 85, 88, 93, 99, 102, 109, 110, 115, 118, 123, 124, 129, 132, 137, 140, 141, 145, 148, 153, 162, 170, 177, 179, 182, 183
香蕉 49, 162
香茅 157
香柠檬汁 19
杏仁 13, 19, 20, 28, 38, 43, 55, 63, 67, 79, 84, 88, 93, 97, 102, 118, 123, 124, 127, 137, 157, 167

Y
洋梨果茸 32
椰肉 19, 20, 23, 52, 63, 79, 82, 148, 153, 157, 167, 170, 183
野草莓 46
樱桃 35
樱桃酒 85, 93
玉米粒 162

Z
榛子 27, 43, 74, 110, 118, 123, 124, 129, 137, 145

图书在版编目（CIP）数据

创新人气甜品的秘密：扬·布里斯的陀飞轮挤花甜点／（法）扬·布里斯（Yann Brys）著；（法）洛朗·鲁弗雷（Laurent Rouvrais）摄影；叶慧淘译．—武汉：华中科技大学出版社，2021.6

ISBN 978-7-5680-7076-8

Ⅰ.①创… Ⅱ.①扬… ②洛… ③叶… Ⅲ.①甜食－制作－法国 Ⅳ.①TS972.134

中国版本图书馆CIP数据核字（2021）第088711号

TOURBILLON by Yann Brys
Illustrations by Laurent Bouvrais

湖北省版权局著作权合同登记　图字：17-2021-063号

创新人气甜品的秘密：
扬·布里斯的陀飞轮挤花甜点

Chuangxin Renqi Tianpin de Mimi: Yang Bu Li Si de Tuofeilun Jihua Tiandian

[法] 扬·布里斯（Yann Brys）著
[法] 洛朗·鲁弗雷（Laurent Rouvrais）摄影
叶慧淘 译

出版发行：华中科技大学出版社（中国·武汉）　电话：(027) 81321913
北京有书至美文化传媒有限公司　(010) 67326910-6023
出 版 人：阮海洪

责任编辑：莽　昱　谭晰月
责任监印：徐　露　郑红红　封面设计：邱　宏

制　　作：北京博逸文化传播有限公司
印　　刷：广东省博罗县园洲勤达印务有限公司
开　　本：787mm×1092mm　1/16
印　　张：12
字　　数：75千字
版　　次：2021年6月第1版第1次印刷
定　　价：168.00元